新型职业农民培育 通用教材

U0272308

农业综合技术简明教程

● 王林坤　张启明　陈传胜　主编

中国农业科学技术出版社

图书在版编目（CIP）数据

农业综合技术简明教程／王林坤，张启明，陈传胜主编．—北京：中国农业科学技术出版社，2014.9

（新型职业农民培育通用教材）

ISBN 978-7-5116-1812-2

Ⅰ.①农…　Ⅱ.①王…②张…③陈…　Ⅲ.①农业技术-教材　Ⅳ.①S

中国版本图书馆 CIP 数据核字（2014）第 204238 号

责任编辑	徐　毅　张志花
责任校对	贾晓红

出 版 者	中国农业科学技术出版社 北京市中关村南大街 12 号　邮编：100081
电　　话	（010）82106636（编辑室）　（010）82109702（发行部） （010）82109709（读者服务部）
传　　真	（010）82106631
网　　址	http://www.CASTP.cn
经 销 者	各地新华书店
印 刷 者	北京富泰印刷有限责任公司
开　　本	850mm×1168mm　1/32
印　　张	6.25
字　　数	160 千字
版　　次	2014 年 9 月第 1 版　2014 年 9 月第 1 次印刷
定　　价	20.00 元

新型职业农民培育通用教材

《农业综合技术简明教程》

编 委 会

主　任　王　寅
副主任　张克甫　蔡庆葆　王林坤　张启明

主　编　王林坤　张启明　陈传胜
副主编　王　成　汤瑞香　李　涛
编　者　高风云　范光伟　王树文　马　骥
　　　　崔时典　吴岩松　江洪泾　宋传宝
　　　　廉同艳　王月荣

序

　　随着工业化、信息化、城镇化和农业现代化的同步推进，我国已进入由传统农业向现代农业转型的关键时期，大量先进的农业技术、农业设施设备以及现代化的经营理念，越来越多地被引入到农业生产的各个领域，农业各产业迫切需要大量高素质的新型职业农民。同时，大批农村青壮年离村进城、务工经商，农业从业人员老龄化，且文化素质和职业技能明显下滑，"谁来种地"、"如何种地"，已经成为我们不得不认真面对的迫切问题。培养造就一批"懂技术、会经营、善管理"的新型职业农民，为现代农业发展提供人才保障和智力支撑，已成为当前农业教育工作的紧迫任务。根据《农业部、财政部关于印发 2014 年新型职业农民培育工程实施指导意见的通知》精神，按照加快发展现代农业，不断培育新型农业经营主体的要求，我们组织有关专家编写了这本《农业综合技术简明教程》。

　　本教材作者均为长期活跃在农业生产和农民教育一线的专家和技术骨干，具有一定的理论知识和丰富的实践经验。他们结合当地实际，把多年的实践经验总结提炼出来，重点介绍有关农业产业的成熟技术、有推广前景的新技术和新型职业农民必备的基础知识，以满足农业生产的实际需要。教材通俗易懂，简明实用，适合广大农民朋友和基层农技推广人员学习参考。

　　《农业综合技术简明教程》的出版发行，为农民朋友带来了丰富的精神食粮。我们期待着这本教材中的先进实用技术得到更大范围的推广和应用，为新型职业农民培养起到积极的促进

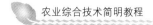

作用。

  由于时间仓促，教材难免存在不足和错误之处，恳请广大读者批评指正。

王　寅

2014 年 8 月 16 日

内容简介

　　本教材共分八章，第一章介绍了小麦、水稻、夏玉米、红芋等主要粮食作物高产栽培技术；第二章介绍了番茄、辣椒、茄子、黄瓜等蔬菜及西瓜栽培技术；第三章介绍了水产养殖技术；第四章介绍了农作物高产栽培配套技术，主要包括农作物种子经营管理、农作物病虫害调查方法与防治技术、农田化学除草技术和测土配方施肥技术；第五章介绍了几种高效间作套种模式；第六章介绍了村级动物防疫员基础知识；第七章介绍了农村经纪人基础知识；第八章介绍了村级财务人员基础知识。

编　　者

2014 年 8 月 16 日

目　　录

第一章　主要粮食作物栽培技术

第一节　小麦高产栽培技术

一、推广优良主导品种

根据茬口衔接，扩大半冬性小麦品种，减少春性品种，挖掘品种单产潜力。早中茬品种以皖麦50、皖麦52、皖麦53、淮麦25、百农AK58、泛麦5号、邯6172、豫麦70-36、濮麦9号、阜麦936为主；晚茬品种以春性的郑麦9023、偃展4110为主。郑麦9023要严格掌握播期，搞好技术配套。继续扩大示范周麦22、济麦22、淮麦22、烟农19、新麦18、开麦18、连麦2号等半冬性品种。

二、科学播种技术

（一）推广测土配方施肥技术

常言说"三追不如一底，年外不如年里"。"麦喜胎里富，底肥是基础。"其实小麦施足底肥之所以重要，其原因是多方面的：一是与小麦具有生长期长、幼穗分化期时间长的特点有关。首先小麦从种到收要经历220余天，生育期长；其次小麦幼穗分化从小麦分蘖期（11月中旬）开始一直到小麦孕穗期结束，长达5个月之久，如果没有足够的底肥是不能实现高产的。二是小麦营养临界期来得较早，小麦的磷素临界期为二叶一心，氮素的临界期为三叶一心，如果土壤养分比例失调，很容易影响小麦苗期的生长发育。三是与小麦底肥施入各种肥料的性质有关。首先，有机肥只有深施于土壤中才有利于分解利用；其次，由于磷肥、钾肥在土壤中移动性小，必须施于小麦根系活动层内才便于吸收利用；最后，氮肥的挥发性大，只有深施于耕作层内才有利于提高肥料利用率。一些地方底肥的施用上还存在着许多不合理的现象：一是部分农民存在着重视化肥轻视有机肥使用的做法，导致部分土壤有机质含量偏低，影响了小麦产量的进一步提高。二是在底肥的施用上，部分农户存在着重磷轻钾或重氮轻钾的现象。三是部分麦田底肥施用量偏大，追肥量偏少，甚至不追肥，采取"一炮轰"的施肥方法。所有这些现象都不利于小麦实现高产。

在底肥的施用上，首先，必须坚持走有机与无机相结合、用地与养地相结合的路子，而且底肥要坚持以增施有机肥为主的原则。因此，高产田要实行秸秆还田；并要求在秸秆还田的麦田，亩（1 亩 $\approx 667 m^2$，下同）增施尿素 5kg 左右，以利于土壤中的秸秆加快分解和利用；如果没有实行秸秆还田，应亩施优质农家肥 2 000kg 以上，以达到改良土壤、培肥地力，促使小麦高产的目的。其次，实行测土配方平衡施肥，合理确定施肥总量。采取"以产定氮，测土定磷钾，因缺补微，按需施肥"的指导原则，可以结合当地土壤化验结果以及不同的产量目标，底肥采取以下方案。

方案一：一般亩施有机肥 3~4m³，施尿素 25~30kg 配过磷酸钙（12%）40~50kg 和 5~10kg 氯化钾；或 45% 复合肥 40kg 配尿素 10~15kg。

方案二：亩施有机肥 3~4m³，施用小麦测土配方肥：

①20 - 10 - 10 + $ZnSO_4 \cdot 7H_2O$（0.5kg）50kg（高产田）；②28 - 12 - 10 + $ZnSO_4 \cdot 7H_2O$（0.5kg）40kg（低产田）；③23 - 12 - 10 + $ZnSO_4 \cdot 7H_2O$（0.5kg）50kg（中产田）。

有机肥、磷肥、钾肥全部底施，氮肥底施60%～70%，拔节期追施30%～40%。耕地前将肥料均匀撒于地表，随深耕翻埋掩底。

（二）种子包衣和药剂拌种

这是防治小麦苗期病虫害，保证苗全、苗匀的一项重要措施。要在继续加大种子包衣推广力度的基础上，因地制宜搞好药剂拌种。一是根系病害发生较重的地块，可每100kg麦种用10%适乐时悬浮种衣剂25～50mL或3%的戊唑醇（立克秀）100g拌种；二是地下害虫发生较重的地块，可选用40%甲基异柳磷乳油或50%辛硫磷乳油按种子量的0.2%拌种；三是病、虫混发地块可选用以上药剂（杀菌剂＋杀虫剂）混合拌种。由于拌种对小麦出苗有影响，播种量应适当加大10%～15%。

（三）精细整地，足墒适期播种与降低播量相结合技术

1. 精细整地

实现苗齐、苗匀、苗壮是高产小麦对播前整地质量的基本要求。因此，小麦播前整地标准必须达到"深、透、实、净、平、足"。"深"指深耕。主要好处有：一是深耕可以加厚活土层，增加土壤空隙度，利于土壤水、肥、气、热状况的协调，并利于小麦形成强大的根系，利于提高小麦抗旱、抗寒及抗灾夺丰收的能力。二是深耕可以将有机肥、化肥深掩入土中，使土肥相融，利于提高肥料利用率。三是深耕可以促进土壤微生物的活动和有机物的分解，利于增加土壤养分，改良土壤结构，培肥地力。因此，要指导示范户全部实行深耕，深耕达到25cm以上。有条件的地方示范推广土壤深松技术，机械深松到35cm，提高整地质量。"透"指耕透、耙透，确保耕层无明暗坷垃。"实"指耙地要反复耙磨，达到耕层上虚下实，利于种子扎根出苗。"净"指上季作物收获后要及时灭茬保墒，灭茬质量高，并要拾净根茬。"平"指整地时要达到田面平整沟直，达到耕层深浅一致，克服

"大平小不平，有水浇不成"的现象。"足"指底墒充足。墒足不仅利于小麦苗齐、苗匀、苗壮，而且有利于减轻小麦冬季冻害，实现壮苗安全越冬，因此，底墒充足，对小麦实现高产非常重要。若墒情不足时，应造墒后播种。要牢固树立抗灾夺丰收意识，立足抗灾抓秋种，在适期内，应掌握"宁可适当晚播，也要造足底墒"的原则，要立足抢播，有墒抢墒、无墒造墒，做到足墒下种。稻茬及低洼地区要大力推广机开沟，做到农田"三沟"配套，预防涝渍灾害。

2. 适期播种

小麦适期播种可以合理利用冬前的热量资源，以利于培育冬前壮苗，促使大分蘖增多，根系发达，提高分蘖成穗率，并能制造积累较多的养分，增强小麦抗逆力，为培育壮秆大穗夺取高产奠定基础。实践证明，高产麦田适期播种是实现小麦冬前壮苗的关键性措施。但是，小麦如果播种过早，冬前积温过多，易发生冬前旺长，冬季易发生冻害；如果播种过晚，冬前苗龄小，分蘖少，易形成弱苗。"晚播弱、早播旺，适期播种麦苗壮"就是这个道理。根据多年的生产实践，半冬性小麦品种适播期在日平均气温 16～14℃，春性品种适播期在日平均气温 14～12℃，沿淮地区半冬性小麦品种适播期为 10 月 10～20 日，10 月 20～30 日。中茬地应全部使用半冬性品种，力争在 10 月 20 日前播种结束，晚茬小麦使用郑麦 9023 在 10 月底至 11 月初播种结束。

3. 适量播种

在通常情况下，播种量直接决定着基本苗数，而且也与穗数密切相关。但在确定播量时，如果不考虑具体的地力、品种、播期等因素，也不考虑小麦各生育时期群体内部的光照条件、群体光合速率以及群体结构的合理与否，盲目增大播量的话，最终的产量结果可能会适得其反，事与愿违。因此，适宜的播量应根据地力状况、品种特性、播期早晚、种子质量以及有利于提高光能利用率等因素综合而定。对于确定播量的方法，应按照"以地定产，以产定穗，以穗定苗，以苗定播量"的方法确定。即首先应根据地力确定与之相适应的产量目标；其次，根据产量目标，结合品种的穗粒数、穗粒重，合理确定出计划亩穗数；再次，根据计划亩穗数，结合品种的单株成穗数确定出合理的计划基本苗数；最后，再根据计划基本苗数，结合品种的千粒重、发芽率以及实际播种条件下的田间出苗率，确定出具体的播种量。根据主推品种情况，一般亩产 500kg，要求穗数 40 万 ~ 42 万，穗粒数 36 万 ~ 38 万，千粒重 42 ~ 45g，按基本苗与成穗率 1 : 2 的比例确定基本苗，有效穗数 40 万 ~ 42 万穗，每亩基本苗 20 万 ~ 21 万株。一般整地质量较好、土壤墒情充足、品种分蘖能力较强、适播期内播种的早茬麦播量应控制在墒情正常情况下，机条播半冬性品种亩播种量 10kg 左右，春性品种亩播种量 11kg 左右，稻茬小麦撒播田块亩播种量也不能超过 14kg。超过适播期，每推迟 2 天，播量要增加 0.5kg。在生产实践上应掌握"四减四增"的原则，灵活确定播量：①适期早播减少播种量，播期推迟增加播种量。②肥水条件好减少播种量，肥水条件差适当增加播种量。③整地质量高减少播种量，整地质量差增加播种量。④土壤墒情好减少播种量，土壤墒情差适当增加播种量。

4. 适墒播种

水分是小麦种子萌发的首要条件。小麦从播种到出苗，以田间持水量的 70% ~ 80% 为宜，播种前降雨 30mm 以上可以满足小麦出苗对水分的要求。低于 60% 出苗不齐，高于 90% 容易造成烂种。

5. 适深播种

小麦播种总体要求："小麦播种要达到播深适宜，行直垄正，沟直底平，覆土一致，盖严压实"，机械条播 17 ~ 20cm，种子均匀分布。掌握适宜的播种深度，是争取苗早、苗齐、苗全和苗壮的重要措施。一般播种深度 3 ~ 5cm 为宜。土壤墒情好，土质黏重，播种可浅一点，反之稍深些。遇到干旱缺墒，要造墒播种，防止播种过深。

（四）稻区推广机条播、机开沟技术

由于稻茬麦田土壤含水量高，土质黏重，土体紧实，适耕期短，不易耕整细碎，尤其是采用蓄力或动力较小的机械耕耙作业，田间坷垃大，无法采用机条播，而人工撒播，存在着播种不均，播种深度不一，播量难以控制，常表现为"丛籽、深籽、露籽"、土块压种和缺苗断垄，造成出苗不整齐问题，稻茬麦不仅出苗率低，出苗不整齐，而且撒播田间空间大，易生杂草。故应改进播种方式，采用机条播，用大动力拖拉机带施肥播种机或大动力拖拉机带旋耕施肥播种一体机，也可用小四轮带条播机，播种行距一般为 17 ~ 20cm。

稻茬麦"三沟"不配套，冬春雨水多时带来田间渍害，根系生长受阻，尤其是人工开沟，不仅劳动强度大，而且人工开沟，沟浅、沟不直，严重影响排水，故应采用机械开沟，可采用手扶拖拉机带小型开沟机，开沟较直，沟底碎土较少，开沟质量较高，但作业效率较低；也可采用大动力拖拉机带圆盘式开沟机，开沟效率高，开沟较深，适合大地块作业，无论何种机械开沟，都要注意将沟土均匀撒在畦面上，切忌不能将土堆积在沟两边，以防压种过深，影响出苗。

三、冬前麦田管理技术（出苗一次年返青期）

这一阶段是小麦生产中争早苗、全苗、壮苗，促进冬前分蘖和发根，奠定穗数的重要时期，也是为壮秆大穗打基础的时期。此阶段生长的好坏不仅影响每亩穗数的多少，而且也影响每穗粒数的多少。小麦的分蘖分为有效分蘖和无效分蘖，能生长成穗的分蘖叫有效分蘖，不能生长成穗的分蘖叫无效分蘖。根据调查高产小麦冬前（12月下旬）分蘖成穗率80%～90%，返青后分蘖成穗率为5%左右。分蘖出生越早，成穗率越高；分蘖出生越晚，成穗率越低，因此，要获得足够穗数，必须促进前期分蘖发生。另外小麦幼穗分化早，主茎第四叶出生时，麦苗就开始幼穗分化，因此，生产上必须抓好苗期越冬期管理。

冬前麦田管理是的主攻方向是：促根增蘖，提高分蘖成穗率，确保小麦实现壮苗安全越冬。主要措施有以下几项。

（一）查苗补种和及时疏苗

在小麦出苗期应及时进行查苗补种，对行内有10cm以上缺苗断垄的地段，应立即带水补种，确保苗全苗匀。对播种过密或出现的固堆苗，应及时进行疏苗，注意去弱留壮。

（二）冬前中耕或镇压

对弱苗应及时在冬前进行浅中耕，不仅可以破除板结，消除杂草，还可以起到保墒增温、促苗生长的作用。对冬前群体过大、发生旺长的麦田，应采取深中耕，通过切断部分根系，达到控制分蘖滋生的目的；或采取镇压措施，抑制小麦冬前旺长趋势。

（三）适时浇好塌墒越冬水

适时浇好塌墒越冬水，不仅具有踏实土壤，粉碎坷垃，促使小麦安全越冬的作用，而且可以为早春麦田提供较好的墒情，并利于推迟高产麦田年后第一次肥水管理的时间，实现氮肥后移，并为搞好春季麦田管理争取主动。浇塌墒越冬水时间早晚，主要看墒情、看气温、看苗情具体而定。浇塌墒越冬水主要有3种情况：一是小麦播种时，墒情较足，但冬前降雨量较少，到了临近越冬期时麦田墒情不足，这种情况下主要看气温，一般应在日平均气温3～5℃（11月下旬）浇越冬水；二是播种时底墒不太足，加上播后一直无雨，小麦分蘖初期就发生了旱情，这种情况下为促壮苗越冬，可于小麦分蘖期（11月上中旬）浇塌墒越冬水；

三是秸秆还田地块，加上底墒不足，抢墒播种，且播后一直无雨，在出苗期就发生了旱情，这种情况下，可在出苗期结合查苗补种立即浇塌墒越冬水，以踏实土壤，防止秸秆悬空和冬季冻死麦苗。对底肥不足的麦田，可结合浇塌墒越冬水亩追尿素5~10kg。

（四）因地制宜施腊肥

施用肥效长而稳的有机肥为主的越冬肥（蜡肥），既可以培土壅根、弥合土缝、增温防冻、保苗安全越冬，又可以补充基、苗肥不足，增加冬季和早春土壤中速效氮的供应，促进早春分蘖和巩固分蘖成穗；还可同时增大中部叶片，增强穗分化强度，促进穗大粒多。在施用技术上，要因苗制宜，分类促进。早麦、肥地、壮苗多施有机粗肥，以保苗安全越冬。晚苗、薄地、弱苗或早播脱肥麦苗要多施精肥，促进麦苗尽快转化，生长平衡。在高产栽培条件下，一般基、苗肥施得足，苗壮蘖多，为了避免返青拔节期间总茎蘖数过多，中部叶片过大，造成早期郁闭，一般不宜施用越冬肥（腊肥）。

（五）化学除草

化学除草是一项省工省时、简便易行的灭草技术。要发动组织示范户在12月10日之前气温平均在5℃以上时，全面完成化学除草工作。

以看麦娘、日本看麦娘、野燕麦等禾本科杂草为主的田块亩用6.9%骠马乳剂70mL或15%麦极可湿粉20g；以猪殃殃、大巢菜等阔叶杂草为主的麦田亩用5.8%麦喜乳油10mL或20%使它隆乳油50mL；如果田间禾本科杂草和阔叶杂草混生，可用骠马70mL或麦极20g加麦喜10mL混配使用。上述药剂均要进行二次稀释，加水30kg进行茎叶喷雾。

注意事项：施药要选择温暖的晴好天气，平均气温5℃以上较好，不要在寒流到来前用药；水要加足，喷雾要均匀，不要粗喷、漏喷或重喷；严格按照使用说明书的要求，不要随意加大用量，要防止药害的发生。

四、春季田间管理技术（小麦返青、起身至抽穗阶段）

在这个阶段中，一般从2月上旬开始到4月下旬结束。小麦的茎、叶、穗、蘖等器官同时迅速生长，小麦营养生长与生殖生长同时并进，并随着生长量的不断增大，小麦群体与个体之间的矛盾也日益突出，此期，对肥水敏感且需求量大，是小麦一生中需水需肥最多的时期。需水约占总量的40%左右，需肥占总量的50%左右，尤其在拔节、孕穗阶段，如果水肥供应不足，会严重影响幼穗发育，小花大量退化，粒数明显减少。因此，为确保小麦穗大粒多，必须在拔节至孕穗阶段，根据苗情采取相应措施，分类管理。高产麦田春季管理的主攻目标是：看苗管理，合理促控，大力推广氮肥后移技术，着力建造良好的群体结构，促花增粒，培育壮秆大穗，争取穗多穗大，并为提高千粒重夺取高产奠定良好基础。

（一）因苗制宜、科学管理

1. 对一类麦田的管理

一类苗返青期群体一般70万～90万株，叶色浓绿，分蘖多，叶较长，叶尖微斜，叶形如驴耳朵，根系良好，长势好，属于壮苗麦田，主攻方向是：提高年前分蘖质量，控制春季分蘖，提高成穗率，培育壮秆大穗，应重管拔节期。即在拔节期酌情追施速效化肥，并及时进行浇水。对一类麦田应控促结合，在春季旱情不太严重的情况下，应在返青起身期控水控肥。改返青起身期追肥为拔节初中期（3月中旬左右）追肥，即可在第一节间接近定长，第二节间开始伸长时施肥浇水，从而有利于控制无效分蘖的滋生，建造合理的群体结构，实现氮肥后移，并对增加穗粒数具有明显作用，拔节期一般亩追尿素10kg左右。

2. 对部分二类麦田的管理

此类麦田由于各种原因，群体不足，返青期群体一般60万株左右，管理的重点是：以肥水促进为主，巩固冬前分蘖，适时促进春季分蘖的发生，提高分蘖成穗率，增加亩穗数和穗粒数。此类麦田应于返青起身期（2月上旬至3月初）进行水肥管理，一般亩追尿素5kg左右。

3. 三类苗的管理

弱苗：一般群体在60万以下，叶色黄绿，叶片狭小直立，叶形如马耳朵，分蘖很少，表现缺肥。个体发育一般较弱，单株分蘖3个以下，且大蘖比例小的划为弱苗。这类苗主要问题是群体不足，蘖数不够、蘖小质量差。主攻方向是促分蘖、增穗数，兼顾穗大粒多。晚苗：播种较晚，分蘖很少或没分蘖，主要特点是"少"和"晚"，即蘖少、根少、发育晚。春季管理的主攻方向是提温、促蘖、增穗，使之早发快长，于早春围绕提高地温加强管理，于起身期再肥水促进，力争春季分蘖多成穗、成大穗。弱苗晚苗，都应在2月上旬起身期追肥5~10kg尿素，若墒情不足应进行灌溉，促弱转壮，争取更多的有效穗。

4. 对群体过大的旺长麦田的管理

此类麦田返青期群体一般超过100万株。叶色黑绿，叶片肥宽柔软，向下披垂，叶形如猪耳朵，分蘖很多，有郁闭现象。对这类苗不宜追施氮肥，应采取控水控长措施；一是在返青起身期控水控肥，并在返青期采取深锄断根措施，达到控制无效分蘖，减缓群体进一步增长的目的。二是在起身期喷施壮丰胺或助壮素等生长调节剂，以缩短基部节间长度，促进根系下扎，预防后期倒伏。三是改返青起身期追肥浇水为拔节中期（3月20~25日）肥水管理，以促使小麦两极分化，使群体结构向着更为合理的方向发展。

关于氮肥后移追肥技术

在栽培管理过程中，特别是采用氮肥后移这一高产优质栽培技术显得尤其重要。在冬小麦高产栽培中，氮肥的运筹一般分为两次，第一次为小麦播种前随耕地将一部分氮肥耕翻于地下，称为底肥；第二次是结合春季浇水进行的春季追肥。追肥时间一般在返青期至起身期。还有的在小麦越冬前浇冬水时增加一次追肥。施肥时间其底肥与追肥比例若氮素肥料过多在小麦生育前期，会造成麦田群体过大，无效分蘖增多，小麦生育中期田间郁蔽，后期易早衰与倒伏，影响产量和品质。氮肥后移是在高产壮苗麦田将春季追施的氮肥后移至拔节期施用，可以有效地控制无效分蘖过多增生，开花后光合产物积累多，向籽粒分配比例增大；能够促进根系下扎，提高土壤深层根系比重，提高生育后期的根系活力，有利于延缓衰老，提高粒重；能够控制营养生长和生殖生长并进阶段的植物生长，有利于干物质的稳健积累，减少碳水化合物的消耗，促进单株个体健壮，有利于小穗小花发育，增加穗粒数；能够促进开花后光合产物的积累和光合产物向产品器官运转，显著提高籽粒产量，改善小麦品质。氮肥后移可减少氮肥损失，提高氮肥利用率，减少氮素对环境的污染，有利于农业可持续发展。

总之，起身肥水要因地因苗合理施用，地差有脱肥趋势的地块（中产田）应早施（二棱初）提高成穗率；肥地具有旺长趋势的麦田（高产田）应晚施（二棱中、后期）以免穗数过多，中、上部叶片过大，基部节间过长，过早封垄而导致倒伏。

（二）及时化学除草

凡是越冬前未及时防除或防除效果不好的，抓住晴好天气不失时机地做好早春化除，2月中旬至3月上、中旬，小麦返青至拔节前，杂草3～4叶期，气温5℃以上，土壤湿度较大时喷药。喷药时间选晴朗天气，无风、在上午9点至下午4点用药，因为在这个时间内气温高，光照足，草体吸收药液能力强。要严防药量过大；小麦拔节后用药易产生药害，严禁用药。高效低毒除草

剂主要有麦喜、使它隆、骠马等，方法同年前。

（三）预防晚霜冻害

小麦在拔节孕穗期间要注意预防晚霜冻害，虽然晚霜所带来的低温时间很短，但由于这时小麦生长旺盛，幼穗已处在地表以上，抗寒力很弱，故能造成不同程度的冻害。当夜间温度下降到零下3℃以下，持续时间6小时以上，已经拔节的麦田就会产生冻害，轻者麦穗粒数减少，半截穗无籽，重者不抽穗，有的甚至颗粒不收。浇水是预防和减轻晚霜冻害最有效的措施。浇水可以增加植株附近的空气湿度，因而温度较为稳定，可以显著减轻冻害。据调查，凡霜冻前5天内浇过水的效果最好；在霜前5~10天内浇水的会遭受不同程度的冻害。因此，要注意天气预报。冻害发生后，应及时追施速效肥或叶面喷肥进行补救。

（四）开沟降渍，清沟沥水，降低田间湿度，减少病害的发生

（五）防治病虫害

春季随气温逐渐升高，麦田地下害虫、麦蜘蛛、白粉病、锈病等可能在中期阶段流行，应做好病虫测报，及时防治。

1. 小麦纹枯病

当小麦返青期病株率达到15%时，可亩用15%粉锈宁可湿性粉剂100g（或12.5%的禾果利可湿性粉剂30g），对水50~60kg，对准小麦茎基部进行喷施，一般要连喷两边以上，间隔7天左右。

2. 地下害虫

惊蛰后在地下休眠的害虫开始活动，返青期的麦苗将出现为害高峰，特别是金针虫、蝼蛄等易引起缺苗断垄。金针虫发生严重地块可用50%辛硫磷乳油或乙酰甲胺磷1kg随春季返青水一块灌地，或用敌百虫拌炒香的麦麸和青菜叶傍晚撒在田间，诱杀蝼蛄。

3. 麦蜘蛛

每市尺单行麦株上有虫 200 头以上进行喷药防治。亩用 1.8% 阿维菌素乳油 6~8mL 加水 50kg，或 20% 扫螨净 20g 加水 50kg，或氧化乐果 1 500倍液喷雾防治红蜘蛛。

4. 麦蚜

当百株有蚜 500 头时，亩用 10% 吡虫啉 20g 或 24% 添丰 20g 或 3% 啶虫脒 30g，对水 40kg 喷雾。

5. 白粉病

此病在 20℃ 左右条件下发生最快，发病后主要为害叶片，严重时也能在叶鞘、茎秆、穗上发生。发病初期在叶面上产生灰白色丝状小霉点，逐渐扩大，成近似圆形灰白色粉状霉斑。以后霉斑变成灰褐色，叶片枯黄，最后枯死。防治方法：20% 粉锈宁乳油 50g 或 12.5% 纹霉清水剂 200mL 对水 50kg 喷雾。一般发病后喷一次，一周后再喷一次。

6. 吸浆虫

以幼虫吸食麦粒浆液，使籽粒瘪瘦或空壳，严重时造成绝收。吸浆虫重发生地块应在 4 月 20 日左右着重搞好蛹期防治。方法是：亩用 50% 辛硫磷乳油 200~250mL 加水 5kg 拌干细沙土 25kg 顺垄撒施，撒后及时浇水。一般发生区在小麦田抽穗至开花期，若两手扒开麦垄一眼能看见 2~3 头成虫，进行成虫补治，方法是：亩用 50% 辛硫磷乳油 50mL 加水 30~45kg 喷雾及时防治。或用高效氯氰菊酯加敌敌畏乳油喷雾防治。

7. 赤霉病

赤霉病以预防为主，小麦抽穗至扬花期遇 3 天以上连阴雨天气就将偏重发生。在齐穗期亩用 80% 多菌灵可湿性粉剂 80g 或 30% 戊·福可湿粉 80g，对水 40~50kg 喷雾，间隔 5~7 天再喷一次。

五、后期田间管理

小麦抽穗后即进入了后期阶段。首先，小麦此期持续时间短，从抽穗至成熟仅 40 天左右，但此期却是决定小麦产量高低最关键的时期。其次，此期小麦需水量大。据测定，从抽穗至成熟阶段的耗水量占小麦一生总耗水量的 1/3，每亩日耗水量达 2.33m^3。最后，此期又是多种病虫和高温干旱等自然灾害的多发期，加上此期小麦生理机能衰退较快，所以此期又是小麦千粒重最易受到较大影响的时期。因此，高产示范方后期的主攻目标是：养根护叶，防早衰，防倒伏，防病虫，防干热风，着力提高千粒重，力争夺取小麦高产丰收。主要措施有以下几方面。

（一）搞好叶面喷肥

小麦生育后期进行叶面喷肥，不仅能延长叶片功能期，保持根系活力，防止早衰，防御干热风，而且能促进籽粒灌浆，增加粒重，提高籽粒品质。实践证明，小麦后期进行叶面喷肥是一项经济有效的增产措施。叶面喷肥的最佳时间应在齐穗期至灌浆初中期进行。可亩用 0.5~1kg 尿素，加 200g 磷酸二氢钾，或美洲星、氨基酸叶面肥对水 50kg，连续进行叶面喷肥两遍以上，间隔 5 天左右。也可结合后期"一喷三防"进行根外追肥，但应注意随配随用。

（二）搞好小麦一喷三防

针对小麦后期多种病虫混合发生的特点，为了省工省时，提高功效，可将杀虫剂、杀菌剂、叶面肥混合起来一起喷洒，从而达到一次用药既防病虫又防干热风的目的。用药配方可根据麦田病虫发生的具体情况而定，并做到随配随用。在防治赤霉病、吸浆虫和蚜虫为主时，应在小麦齐穗后、开花初期，晴天下午 4 点后，可亩用 80% 多菌灵可湿性粉剂 80g（或 70% 甲基托布津可湿性粉剂 80g）+40% 氧化乐果 80mL（或 4.5% 高效氯氰菊酯 30~

40mL）+尿素 500g + 磷酸二氢钾 150 ~ 200g + 水 50kg，搅匀后对准穗部进行喷洒。若开花至灌浆初期遇到连阴雨天气，应连续防治赤霉病两遍以上，间隔时间 5 ~ 7 天。在防治小麦白粉病、锈病、蚜虫、黏虫为主时，应于发病初期亩用 12.5% 禾果利可湿性粉剂 30g（或 20% 三唑酮乳油 50 ~ 60mL）+ 40% 氧化乐果 80mL + 尿素 500g + 磷酸二氢钾 150 ~ 200g + 水 50kg，搅匀于下午 4 点后连续喷洒两遍以上。

（三）适期收获

超高产小麦后期的根系活力强，叶片光合速率高，籽粒灌浆速率高，生育后期营养器官向籽粒中运转有机物质速率强度大。据测定，小麦蜡熟中期至蜡熟末期千粒重仍在增加，因此，不宜收获过早，宜在蜡熟末期收获为宜。小麦蜡熟末期的长相是：植株茎秆全部变黄，叶片基本干枯，但茎秆尚有弹性，籽粒颜色已呈种子固有的色泽，大部分籽粒用指甲掐感觉较硬时，此期收获最佳。

第二节 水稻高产栽培技术

一、水稻育秧技术（肥床旱育技术）

移栽稻育秧方式主要有水育秧、湿润育秧和旱育秧 3 种，其中，旱育秧省田、省种、省水、省肥、省工，有利于培育壮秧，是目前水稻育秧的主要方式之一。

（一）苗床准备

1. 床址选择

床址选定后，要相对固定，以便于逐步培肥，建成起永久性育苗基地。首先，应充分考虑到旱育秧控水旱育的特点，选择高爽的地块。其次，为了减轻培肥工作量，宜选用土壤肥沃疏松、熟化程度高、杂草少、地下害虫少、鼠雀为害轻、未受污染的菜园地或永久性旱地作苗床。最后，苗床尽可能靠近水源和大田，以便于管理和防止禽畜为害。有些地方把旱育秧苗床和蔬菜地等结合起来，利用蔬菜地加以适当培肥，比较容易达到旱育秧苗床的质量要求，事半功倍。

苗床面积：应依据移栽大田面积和苗床大田比例而定，一般中苗栽插的苗床与大田比为1∶15左右为宜。

2. 苗床培肥

旱育苗床质量的三大特点：一是"肥沃"。经培肥后的苗床，床土养分充足，营养成分齐全。苗床培肥时的用肥量往往是常规育秧的2倍以上。只有重视培肥，才能使床土有非常高的供肥强度，以满足旱秧生长所需的必要营养物质。二是"疏松"。就是苗床松软，富有弹性，如"海绵"状，床土物理性状优良，有机质含量高，团粒结构良好，保肥蓄水保墒能力强，土壤容重低，孔隙度大，毛细管丰富，微生物种类多、数量大、活力旺盛。因此，在苗床培肥时，要施入足够数量的粗纤维秸秆，并充分腐烂，均匀拌和在床土中。三是"深厚"。苗床土层深厚，才能适应根系生长特点，以利于种子根的下扎、不定根和分枝根的扩伸以及根毛的发展，保证根系吸收到充足的养分，保持叶、蘖分化生长所需的最基本的生理水分。

苗床培肥技术要点：根据试验研究和生产实践，各地普遍采用的"三段式"培肥法，即秋季（冬前）培肥、春季培肥和播前培肥，对床土理化性状的改善，尤其是土壤物理性状的改善较为理想。如果利用蔬菜地做苗床，在蔬菜生长期间注重多施腐熟有机肥料，一般播前培肥即可。

（1）秋季（冬前）培肥。一般要求每平方米施用碎秸秆2～3kg、家畜粪2～3kg，另加适量的速效氮、磷、钾肥。有机肥料应分层施用，速效化肥提早施和分次施，耕作深度由深到浅，干耕干整干施。其作业流程是：分 3 次把碎秸秆和土杂肥等有机物翻耖入 0～20cm 土层中，浇足人、畜粪尿，加盖稻草或覆盖地膜等，以加速腐烂。

（2）春季培肥。培肥时间越早越好，以施入的有机肥播种前能充分腐烂为原则。施用有机肥，分层翻耖入土，与床土拌和均匀。在翻耖床土时，发现大团未腐熟的有机物，要随即清除掉。

（3）播前培肥。主要是施用速效氮、磷、钾肥，以迅速提高苗床供肥强度。施用时必须注意 3 点：一是时间上一定要掌握在播种前 15 天以上。二是适当增加磷、钾肥用量，注意氮、磷、钾平衡。三是播前培肥一般每平方米施用尿素 30～50g、过磷酸钙 100～150g、氯化钾 40～50g，每次撒施后，都必须充分耖耙，使肥料均匀拌和于 0～10cm 土层中。目前，很多地方播前培肥选用壮秧剂，可省略许多操作环节，省工省力、安全可靠、效果好，值得大力推广。

3. 床土调酸与消毒

水稻属于喜弱酸性作物，适宜的 pH 值在 6～7。偏酸性的土壤环境有利于提高主要矿物营养元素的有效性，有利于有益微生物的活动，对秧苗生长有利。降低土壤 pH 值，另一个重要作用是抑制有害病菌的繁殖与侵染，尤其是在育秧期间温度较低的稻区，这是预防秧苗立枯病等苗期病害的有效手段。否则秧苗因病黄化死苗现象严重，特别是施用草木灰的苗床。调酸剂一般选用硫黄粉，也可用壮秧营养剂。调酸处理应掌握以下关键几点。

（1）处理时间：从防病和安全角度出发，以播前 20 天左右施用较为适宜。

（2）处理数量：从降低生产成本出发，pH 值 7 左右，每平方米施用硫黄粉 100～150g；pH 值 6 左右，用 50～100g，都可以达到较好调酸效果。

（3）处理要求：施用要均匀，要把硫黄粉捣碎，先与5kg熟床土均匀混合，再分次均匀拌和于0~10cm床土层中；降雨较少、床土干燥时，必须浇水，维持土壤饱和含水15~20天，以促进土壤微生物特别是硫黄菌的活性。

（4）床土消毒：床土消毒也能抑制土壤中的病菌生长，增强秧苗抗逆性。在调酸的同时进行床土消毒，一般每平方米用3%恶霉灵10mL或55%敌克松2~4g，对水2kg喷施。

使用壮秧营养剂对床土进行调酸消毒，一般在播前2天用壮秧剂1袋（2.5kg），加入干细土10~15kg，均匀撒在20m² 的床面上，在2cm的土层内耧匀即可。

（二）种子处理

稻种经过冬天低温贮藏的休眠阶段后，次年育秧播种前，要进行种子处理，以提高种子的发芽率、整齐度，减少种皮带菌。

1. 晒种

播前晒种可以增加种皮的透性，加快吸水速度，增进酶的活性，增强种子活力，具有促进提早萌发和提高发芽势和发芽率的作用。一般播前晒种1~2天即可。

2. 精选种子

充实饱满的种子是培育壮秧的物质基础，因此，选用粒饱、粒重和大小整齐的种子是培育叶蘖同伸壮秧的一项有效措施，一般采用机械或盐水选种。

3. 浸种催芽

播前用咪鲜胺2 000~3 000倍液浸种8~12小时，可预防水稻恶苗病和干尖线虫病等多种病害。浸种结束后，直接催芽至露白，即可播种。

催芽是为了减少或避免田间发芽时的水分不足和天气影响，缩短出苗时间，防止烂种、烂芽，提高成秧率。催芽标准为稻谷破胸露白最佳。

根据种子发芽对温度的要求，催芽的关键是掌握高温破胸、适温催芽、低温晾芽。

（三）播种

播种程序：苗床洒水—播种—盖种—洒水—喷除草剂—盖膜。

1. 确定播种量

合理的播种量是培育适龄叶蘖同伸壮秧的关键。确定具体播种量要考虑的因素较多，包括品种特性、移栽叶龄等。常规粳稻7叶左右移栽，一般每平方米播干谷120g左右为宜。

2. 准备盖种土

播种前要求准备好盖种土。一般选用苗床培肥土或菜园土，用直径5mm的筛子过筛，每平方米准备10~15kg。也可用麦糠代替过筛盖种土。麦糠既能保湿又利于出苗，还能隔热降温防止烧苗。

3. 苗床洒水

苗床先整好压平，再喷洒清水，使0~5cm土层处于水分饱和状态。

4. 播种

将芽谷均匀撒播在床面上，用木板轻压入土。

5. 盖种

把预先准备好的过筛床土或麦糠均匀撒盖在床面上，盖种厚度以不见谷为度，一般过筛土0.5~1.0cm或麦糠1.0~2.0cm为宜。

6. 洒水

盖种后用喷壶喷湿盖种土或麦糠。

7. 喷除草剂

盖种洒水后，每平方米用60%丁草胺·恶草酮乳油0.1~

0.2mL，对水均匀喷雾。

8. 覆膜盖草

化除后，要及时在苗床上直接盖薄膜保湿至出齐苗，盖膜前可在苗床上撒适量粗秸秆防"贴膏药"，同时应在膜上加铺清洁秸草、草帘或用其他方法遮阳降温。亦可不覆盖地膜而直接铺盖麦草或其他秸秆（最好不用稻草）。

（四）苗期水分管理

水分控制是旱育秧壮秧技术的中心环节和成败关键。旱育秧在不同叶龄期对水分的反应和需求有差异，管理要针对差异采取措施。

旱育秧出苗不齐和出苗率不高的主要原因是播种至齐苗期水分控制不当。齐苗前一定要保持床土相对含水量在70%~80%。为此，必须注意3点：一是播前浇透底墒，使0~5cm土层处于水分饱和状态；二是盖种后，及时喷水淋湿盖种土或麦糠；三是及时覆盖，保墒至齐苗前。

一般播种后5~7天便可齐苗。齐苗后要适时揭去苗床上的覆盖物。要看天气揭膜，一般要求晴天傍晚揭、阴天上午揭、雨天赶在雨前揭。揭膜后，要立即喷一次透水，以弥补土壤水分的不足，防止因周围空气湿度急剧下降，秧苗叶面蒸发量增大，而根部吸水供应不上，导致青枯死苗。

齐苗至移栽前应以水控苗。旱育秧与其他育秧方式的主要区别就在于此期的水分控制。水稻幼苗期对水分胁迫的忍耐力差异很大，旱育秧2~3叶期对水分亏缺最敏感，也是防止死苗、提高成苗率的关键时期，要注意及时补水；4叶期以后对水分亏缺忍耐力增强，是控水培育壮秧的基础和关键，即使中午叶片出现轻度萎蔫也无需补水，发现叶片有"卷筒"现象时，可在傍晚喷些水，但应一次补足，喷水次数不能多。

（五）秧苗追肥

旱育秧追肥应注意以下 3 点：一是旱育秧的叶色一般比较深绿，缺肥初期不易察觉，当叶片出现落黄时，表明缺肥程度比同叶色的湿润秧重。二是旱育秧施用肥料种类应考虑到苗床干燥的特点，以选用优质尿素为最佳，不能施用易挥发的其他肥料。不能直接撒施，防止局部肥料浓度过高，灼伤叶片或烧苗，应采用肥水喷浇的方式。三是旱育秧缺肥是由缺水引起的，所以在追肥时，一次用肥不宜过多，每平方米用尿素 5 ~ 10g，对成 1% 的尿素水溶液喷浇，可避免烧苗，以水带肥入土，提高肥效。但浇肥液与浇水一样，时间上要求掌握于傍晚，最好与补水同时进行；追肥次数、肥料用量和用水量要严格控制，以防削弱旱育秧生理优势。

（六）矮化促蘖

多效唑具有抑制秧苗伸长、促进分蘖的作用，并能提高秧苗体内叶绿素含量和细胞内容物浓度，增强酶活性，有利于代谢，可以调节秧苗株型，增强抗旱等能力，获得叶蘖同伸矮壮多蘖秧。

生产上一般每平方米用 15% 多效唑 0.2 ~ 0.3g，连年使用多效唑的老苗床用量可取下限，秧龄小的用量亦可小些；一般把用药时间安排在移栽前的 20 ~ 25 天范围内，秧苗 1 叶 1 心期喷施。若播种前床土采用壮秧剂调酸消毒，因壮秧剂中已复配了多效唑，故此操作可免。

二、大田栽培技术

（一）大田整地

充分认识土壤特点，采取适宜耕作方法，创造优越的土壤环境，为大田科学管理提供有利条件，是实现水稻优质高产的基础。

翻耕法：翻地、耙地（包括旱耙、水耙）、平地是常规的耕作方法。这种耕作法，耕层较深，可以深埋前茬作物残留物、杂草和杂稻种子，有利于充分疏松土壤，减轻病虫草害，但存在漏耕、土块破碎程度差、田面平整难度大等问题。

旋耕法：旋耕整地可使耕整地作业程序大为简化，且整地质量好，便于田间管理，省工、省时、省水，降低作业成本。旋耕前，均匀撒施底肥，通过旋耕作业，可将肥料搅拌到土壤耕层里，达到全层施肥、土肥相融的目的，且田面平整。

（二）移栽

1. 确定适宜基本苗

（1）基本苗与产量构成因素的关系。适宜的基本苗，对协调群体和个体矛盾，促进高产群体的建成和发展有重要的作用。水稻产量是由单位面积上的穗数、穗粒数、结实率和粒重等因素组成，这些因素的形成及相互间的合理组合都受基本苗数的影响。合理的基本苗数就是要充分发挥各个因子对产量的增产效应，争取达到最高产量水平。穗数直接受基本苗数的制约，随着基本苗数的增加，一般穗数有不同程度的增加。在中低产水平下，往往通过增加穗数来提高产量。随着基本苗数的增加，穗数增加到一定程度后，穗粒数、结实率、粒重都会受制约而降低，若这种对产量的负效应超过增穗对产量的正效应，增加基本苗就会导致减产。

（2）基本苗与群体调控。确定适宜的移栽基本苗，使群体发展合理，在有效分蘖临界叶龄期或稍前适时够苗，控制够苗后分蘖的发生，既能保证适宜穗数，又能减少无效分蘖，为后期攻大穗创造条件，达到穗足、粒多、粒重的产量结构，从而提高产量。

移栽基本苗过多，群体茎蘖数发展的起点较高，够苗期必然提前，部分有效分蘖不能成穗，导致有效分蘖利用率下降，无效分蘖增多，个体之间竞争也加剧，群体对个体的抑制作用增强，成穗率降低，也不利于大穗的形成。同时，中期群体过大，无效生长增加，后期光合面积和干物质积累量减少，稻株贪青倒伏，加重病虫危害，减产幅度更为明显，而且会降低稻米品质。

移栽基本苗过少，往往会导致穗数不足。在有效分蘖临界叶龄期内的茎蘖数达不到穗数指标，够苗期推迟，部分高节位的分蘖也要利用，这样也影响了穗层结构，大小穗之间的差距拉大，也不利于大穗的形成。

水稻生产实践中，常出现"大苗栽不足，小苗栽过头"的现象，主要是大苗分蘖多，中、小苗分蘖少，栽时大苗感觉多、小苗感觉少而造成的。大苗栽后大田有效分蘖节位减少，产生的分蘖少，要达到预定的穗数，必然要栽较多的基本苗；而小苗移栽大田后有效分蘖节位较多，产生的分蘖数也较多，要达到预定穗数，基本苗数则不必过多。大苗移栽时秧苗个体较大，叶片较长，栽后很容易给人苗数较多的感觉，移栽的人往往会减少栽插的苗数，而小苗个体小，叶片短，往往会给人以苗数不足的感觉，移栽时也会一穴栽上过多的苗数，穴内个体竞争加剧，都不利于高产，因此，要防止大苗栽不足，小苗栽过头。

2. 配置适宜行的株距

（1）扩大行距对提高群体质量的作用。在培育壮秧的基础上，扩大栽插行距，能改变传统的基本苗过多，无效分蘖多，高峰苗过早的弊端。扩大行距以降低高峰苗数值，提高分蘖成穗率，促进个体健壮发育，解决多穗与大穗的矛盾，使产量构成因素在高水平上得到协调统一。扩大行距，控制封行期，有利于通风透光，改善中、后期群体内的光照条件，可以在保证中后期植株基部受光良好的基础上提高叶面积和颖花总量，有利于进一步提高产量。

（2）扩大行距的原则。确定栽插基本苗后，扩大行距，合理配置行株距极为重要。另外，要防止一穴苗数过多，造成穴内个体之间的竞争，限制稻苗个体生长和分蘖发生。首先，行株距配置要根据土壤肥力、生产条件、育秧方式和产量水平确定。一般旱育秧高产栽培首先要求苗少，即每亩基本苗群体起点低，每穴茎蘖苗少，减少同穴中个体的竞争消耗。其次，扩大行距应根据生产水平和品种株高而定，一般产量要求高的，行距要大，反之要小些。

根据各地的实践，一般中苗移栽的常规稻以行距 23～26cm、株距 13cm 左右、每亩栽 2 万～2.2 万穴、基本茎蘖苗 10 万～12万为宜。以上行距再扩大，则过稀，难封行，成穗不足，穗型不整齐，难以高产；过小则封行过早，群体恶化，穗型变小，影响穗肥施用。在栽插行向上，尽量采用东西行向，以利充分利用光能。

3. 提高栽插质量

适时移栽：根据叶蘖同伸规律，5 叶期的秧苗，第 2 叶节为主要发根节位，并有第 1、第 3 叶节的 2 个辅助发根节位；5 叶秧苗功能鞘中已有较多的淀粉积累，具有较强的发根力，并且 5叶秧苗也具有一定的抗植伤能力和高度，故 5 叶期可作为水稻各类品种移栽的起始叶龄期。

提高栽插质量：栽插质量的主要指标是栽插深度，总体要求是浅、匀、直。深栽的秧苗，分蘖节深埋在土中，往往要通过分蘖节间的伸长，把分蘖节推至地表才能开始分蘖，这样不仅浪费了养料，而且也明显地延误了有效分蘖期，分蘖发生慢，长势弱。在浅栽的基础上，努力做到栽匀、栽直，有利于促进群体平衡生长和田间管理。栽插深度以 2～3cm 为宜，小苗移栽还应适当再浅些。田平水浅是提高栽插质量的保证。

三、肥料运筹

肥料的施用，不仅关系到产量的高低、品质的优劣，而且还会影响病虫害的发生，影响农药用量。

（一）水稻的施肥原则

1. 增施有机肥

从长远看，重视有机肥的施用，对培育肥沃的稻田土壤是十分必要的。无论是腐熟的牲畜圈粪、各种沤制的堆厩肥、秸秆还田，还是沟塘、泥坑的淤泥等，每亩施 3 000kg 左右，均可以提高土壤有机质含量，增强地力，使土壤结构更加疏松，通透性得到改善，有利于水稻根系发展。有机肥含有各种营养成分，也有利于提高稻米品质。

禁止使用未经处理的城市垃圾和污泥，以减少污染和有害物质积累。

2. 提高无机氮肥的有效性

氮素是作物吸收的大量元素之一，生产中需施用大量氮素，以补充土壤供应的不足。但大量施氮素化肥对环境、农产品质量具有潜在的不良影响。因此，水稻生产中应减少无机氮肥的施用量，尤其注意避免使用硝态氮肥。对于必需补充的无机氮素，提倡使用长效氮肥，以减少氮素因淋溶或反硝化作用而造成的损失，提高氮素利用率，减轻环境污染。此外，在常规氮肥的使用中，应配合施用氮肥增效剂，抑制土壤微生物的硝化作用或脲酶的活性，达到减少氮素反硝化或氨挥发损失的目的。

3. 测土配方平衡施肥

水稻生长必需的主要营养元素是氮、磷、钾，在制定水稻高产施肥方案时，必须先测土，然后因土配方。就水稻生长本身特点而言，亩产 550kg 稻谷，需从土壤中吸收纯氮 10～12kg，但目前氮肥利用率还不到 40%，实际施肥量要超过吸收量，氮、磷、钾三要素养分吸收比例大致是 2 : 1 : 3。

4. 确定化学氮素肥料施用前后期合理比例

坚持稳促结合的施肥原则，以基肥为主，基肥与追肥结合；基肥以有机肥为主，有机肥与无机肥结合，迟效肥与速效肥兼备。基肥占总施肥量的 60% 以上，其中有机肥占 80% 以上；追肥占总施肥量的 35% ~ 40%，以化肥为主。

5. 适期施用化学肥料

秧苗期对磷肥最敏感，故磷肥以前期作基肥为宜。水稻幼穗分化中期对钾肥最敏感，故在晒田复水后施用钾肥对保花效果好。由于土壤对钾肥的吸附能力强，故也可将一部分钾肥作基肥。

6. 应用定量施肥公式

水稻吸收的养分，除由土壤供给外，主要通过施肥来补给，但所施肥料的养分只有部分被当季水稻吸收利用。肥料利用率因肥料种类、气象因素和栽培条件而异。因此，应根据水稻对养分的需要量、土壤养分的供给量以及所施肥料的养分含量和利用效率等因素确定总施肥量。一般水稻一生需要每亩施用氮肥（纯氮）15 ~ 20kg，磷肥（五氧化二磷）7 ~ 10kg，钾肥（氧化钾）20 ~ 25kg。

（二）高产水稻肥料施用技术

1. 氮肥施用技术

（1）基肥：是水稻插秧之前施用的基础肥料。其主要作用是：改善土壤结构，提高肥力水平，促进分蘖早生快发。基肥以有机肥为主，如腐熟的厩肥和堆肥，配套适量速效氮、磷、钾肥。基肥的施用有全层施和浅层施两种方法。土壤蓄肥力强、基肥用量多且以有机肥、土杂肥为主的，则用全层施肥法，使肥料在整个耕作层中均匀分布，形成松软肥沃的耕作层；土壤蓄肥力差、基肥用量少，则采用浅层施肥法，将肥料施在根系最密集的部位，以利根系吸收。

（2）分蘖肥：是在水稻移栽后为促进分蘖而施用的肥料。水稻分蘖大体可分为两种类型：一是出生早的低位、中位分蘖，大多为有效分蘖；二是发生迟的高位分蘖，大多是无效分蘖。栽培上要促进有效分蘖，控制无效分蘖。有效分蘖期短的不足1个星期，长的如单季稻可达1个月左右。有效分蘖期短的一般在基肥、面肥的基础上，在返青后一次施用尿素10~15kg/亩；有效分蘖期长的在第一次施用分蘖肥的基础上，还要看苗再补施接力肥尿素5~10kg/亩。在实际应用中，应根据预期的穗数要求，通过控制肥料施用量来合理控制无效分蘖，促进有效分蘖生长发育。

（3）穗肥：是供给稻穗分化及生长发育所需的肥料。穗肥按施用时间和作用分为促花肥和保花肥两种：促花肥有利于促进颖花分化，增加枝梗数，一般在幼穗分化初期施用；保花肥有利于保护颖花发育，避免或减少它的退化。两者均能增加穗粒数，一般在穗形成初期施用。确定幼穗分化期有以下两种方法。

一是叶龄余数法，也称倒数叶龄法。不管叶片总数多少，穗分化开始的叶龄余数值都是在3.5左右，亦即倒4叶出生的后半期；叶龄余数为2.1~3.0，即倒3叶出生过程为枝梗分化期；叶龄余数为0.8~2.0，即倒2叶出生过程为颖花分化期；叶龄余数为0~0.8，即剑叶出生的中、后期为花粉母细胞形成及减数分裂期；孕穗期为花粉粒充实完成期。所以，用倒数叶龄值（叶龄余数）诊断幼穗分化期简捷而准确，只要知道品种主茎总叶片数，就可以知道穗分化各期所处的叶龄期。

二是根据抽穗期推算。一般早稻抽穗前的25~30天、中稻30天左右，晚稻30~35天为幼穗分化期；同一品种穗分化各期离始穗期也是基本稳定的。所以可用离始穗期天数诊断分化时期。例如，已知某品种一般常年在8月25日始穗，8月7日约为雌雄蕊形成期。

（4）粒肥：水稻在抽穗和扬花期间及以后施用的追肥叫粒肥。施用粒肥，可以增加叶片含氮量，延长其功能期，增加光合产物。因此，要重视后期粒肥的施用。

粒肥宜看苗、看天酌情施用，具体施用时机与条件要根据群体变化特点决定，苗不黄不施，天多雨不施；叶色褪淡，天气多晴好的施粒肥效果明显，对后期追肥不足的，应施粒肥。粒肥也可采用根外施肥的方法，如用 0.5 ~ 1kg 尿素加水 50kg；或磷酸二氢钾 0.15kg 和 0.5 ~ 1kg 尿素加水喷施。根外喷肥，应避开开花时间，以傍晚或早上为好。

2. 微肥施用技术

在水稻必需的元素中，铁、锰、硼、锌、铜、钼、氯 6 种元素的需要量很少，但不可或缺。含有一种（或几种）微量元素的肥料就称为微量元素肥料，简称微肥。微肥常用根外追肥的方式施用，也可直接施入土中。

3. 有机肥施用技术

施用有机肥料，可以减少化肥用量，有利于稳定和增加水稻产量、改善品质，防止土壤退化和保护环境。有机肥料一般用作基肥，施用量为 50 ~ 150kg/亩，在耕翻前撒施于土壤中，也可用作追肥。

4. 硅肥的施用

水稻是喜硅作物，通常在植株茎叶中的含量（SiO_2）可达 10% ~ 20%。施硅具有较好的增产作用，且能促使水稻基部节间变粗，增强抗倒性和抗病能力，减少农药使用，改善稻谷品质。补充硅可施用含硅量较高的稻草或土杂肥，也可亩施硅肥 7.5 ~ 10kg，分别与基肥和分蘖肥两次施用。

四、水分管理

"有收无收在于水"。充足的水源、良好的水质是优质水稻生产的重要条件。

（一）水分对水稻生长发育的影响

1. 分蘖期

秧苗移栽本田返青活棵后即进入分蘖期，是水稻对水分比较敏感的时期，土壤含水量高度饱和至浅水层之间，有利于早分蘖，随着水层的加深，分蘖逐渐受到抑制；反之，土壤水分降至田间持水量的70%以下时，水稻的分蘖开始有所影响。

2. 幼穗分化期

稻穗分化开始到抽穗，是水稻一生生理需水最多的时期，尤其是在花粉母细胞减数分裂期对水分最敏感。当土壤持水量为50%时，就影响水稻的正常生理活动，穗分化初期缺水，枝梗与颖花原基分化受抑制，颖花数明显减少；幼穗分化中期缺水，内外颖、雌雄蕊发育不良；花粉母细胞减数分裂期缺水，影响器官发育，使颖花不孕及退化数量增加，将严重影响产量。这一阶段保持水层，不仅可满足幼穗形成期生理用水的需要，而且有利于肥料的吸收，创造一个比较稳定的温湿环境。

3. 抽穗扬花期

是水稻一生生理需水较为敏感的时期，对水分的要求仅次于拔节长穗期。此期缺水，花粉和雌蕊柱头枯萎，或抽穗困难，不能正常开花授粉，形成空粒，并极易造成根系、叶片早衰。这一阶段保持5cm左右的水层，其光合强度比湿润状态高16.2%~24.1%。

4. 灌浆结实期

水分状况与结实率、籽粒饱满度以及稻米品质等密切相关。为了提高根系活力，促进叶片光合作用、灌浆物质的顺利运输和减轻病害，一般宜采用间隙灌溉的办法，使土壤保持干干湿湿，达到"以水调气，以气养根，以根养叶"的目的。

（二）高产水稻灌溉技术

实施水稻合理灌溉，首先应掌握水稻各生育期需水特点，然后根据水稻生理需水特性和不同稻田土壤性质，采取科学的灌溉方法，以满足水稻高产、优质所需水分。

1. 移栽到栽后1个叶龄期

浅水移栽是实现栽浅、栽直，保证足够苗数的必要条件。由于刚移栽的秧苗老根已伤，吸水力弱，容易失去水分平衡。栽后稻田保持深不没叶耳浅水，可免去"黄秧搁一搁，到老发不足"之虑，有利于创造一个较稳定的温、湿度环境，减少幼嫩苗的蒸腾量，保持稻体水分平衡，促进早发新根，加速活棵进程，起到护苗作用。

2. 栽后1个叶龄期到有效分蘖临界叶龄期

此期是决定水稻穗数的有效分蘖期，能否按 N～3 叶蘖同伸原则进行分蘖是分蘖期壮苗的重要指标。栽秧后的幼苗，其活跃的分生组织都埋于土壤表层之内，分蘖环境适宜与否是决定分蘖速度及成长的关键。稻田水浆管理，直接影响到根际的水、气变化，从而作用于水分和养分的吸取。

土质黏重田或高肥稻田，秧苗返青早的不宜采用浅水层灌溉，而宜湿润灌溉。因为此时稻田不保持水层，可以相应提高土壤温度，土壤昼夜温度变化大，促使植株通风透光，土壤内的氧气也可得到补充，氧化作用加强，有利于根系发育，促进有效分蘖的生长。土质差的稻田或中低肥力稻田，分蘖阶段一般是灌一次浅水，以后让其自然落干，待田面无明水、土壤湿润时，再灌一次水，如此周而复始。采用此法，田间实际够苗叶龄期和预期有效分蘖临界叶龄期相吻合，茎蘖动态合理。

对旱育稀植稻田，分蘖期田间土壤持水量在70%左右利于分蘖，气温较高（25～35℃）的，土壤持水量80%左右，分蘖发生多，保持深水层反而抑制分蘖的发生。

3. 有效分蘖临界叶龄期到倒3叶期

在正常情况下，于预定够苗叶龄期进行搁田。搁田亦称晒田，搁田是稻田水分管理的一个重要环节。

搁田的主要作用：搁田能使土壤脱水干缩而裂缝，增强土壤的渗漏性，提高土壤中空气含量，减少还原性有毒物质，增强好气微生物的活动，加速有机物矿化，从而提高土壤中的有效养分的含量；搁田可促进根系向纵、横两个方面的生长，扩大了根系的活动范围，增强根系活力，提高其吸肥吸水能力。搁田能控制无效分蘖，抑制土壤中养分的供应，巩固有效分蘖的生长，提高成穗率；可增加地上部干物质积累，控制群体发展，为水稻后期生长打下良好的基础；可降低田间湿度，推迟稻田封行，改善田间通风透光条件，有利稻株稳健生长，增强抗倒、抗病虫害能力。所以，生产上十分重视这项技术的应用。

搁田适期的确定：搁田通常在无效分蘖期到穗分化初期这段范围内进行。搁田时间因品种而异，一般从有效分蘖临界叶龄期前1个叶龄开始（N－n－1）（N：品种的总叶片数，n：伸长节间数）至倒3叶期结束这段时间内进行。苗情不同，搁田上应有早迟、轻重之别。如果够苗过早，在有效叶龄期前茎蘖数达到适宜穗数就要搁田。这就是所说的"苗到不等时"，这类苗要适当重搁。如果稻田群体发育不足，迟迟不能够苗，可适当推迟搁田。但到了（N－n＋1）叶龄期，无论如何都要搁田，即"时到不等苗"，这类苗要适当轻搁。搁田都要求在倒3叶末期结束，进入倒2叶期，田间必须复水。

从搁田开始到土壤水分亏缺产生控蘖效应需要1个叶龄期（6～7天），因此，在被控分蘖发生前1个叶龄期产生控蘖效应，才能抑制分蘖的发生。因而控制每一个无效分蘖叶位（N－n＋

1）发生分蘖，必须在 N-n 叶龄期发生控蘖效应，在 N-n-1 叶龄期开始搁田。实践证明以往在够苗时搁田对控制无效分蘖，提高成穗率作用小，在群体茎蘖苗数达到 70%~90% 适宜穗数时早搁田，既能保证穗数，又能控制无效分蘖。

排水搁田的适宜标准和方法：从开始脱水到拔节期，高产群体以土壤出现 3~5mm 细裂缝为复水标准。搁田使水稻无效分蘖显著减缓，植株形态上表现叶色褪淡落黄，叶片挺立，土壤沉实，田面露白根，复水后入田不陷脚，全田均匀一致。为达到这一要求，要及早地开好围沟。通常地势高爽的稻田要轻搁，而黏土、地势低洼的稻田可重搁。

4. 倒 3 叶期至抽穗期

水稻由倒 3 叶期到抽穗期，是碳氮代谢并重的时期，也是在形成穗数的基础上决定每穗颖花量的时期，亦是结实率和千粒重的奠基期。这一时期是水稻一生需肥需水量最大的时期，是植株长穗、长最后 3 片功能叶、根系生长和吸收高峰期，也是群体最大的时期。因此，在搁好田的基础上，要求促进上层根的发生，增强根系活力以保障养分吸收，增加光合生产量，促进枝便和颖花的分化量，防止分化颖花的退化。但是，由于拔节后根系向稻体的供氧距离加大，中上部的节间和叶鞘又缺乏通气组织，此时，一方面植株体生长要求根系活力很强，另一方面根系活力又直接受供氧状况的影响。因此，解决好这个问题是一切措施的关键。生产上主要通过水层管理解决这个问题。具体灌水原则是"间歇灌溉"，即田间上一次水保持 2~3 天后自然落干，不立即上第二次水，让稻田土壤露出表面透气，2~3 天后再上水。这种"间歇灌溉"既满足水稻正常代谢的需要，又能更新土壤环境，满足根系正常生长的要求，使根系在这一时期发挥出最大的吸水、吸肥的能力。但在剑叶露出以后，正是花粉母细胞减数分裂后期，需水需肥量大。此时应建立水层，保持到抽穗前 2~3

天，再排水轻搁田，促使破口期再现一次"落黄"，以增加稻体的淀粉积累，促使抽穗整齐并为提高结实率奠定基础。

5. 抽穗期至成熟期

水稻抽穗期植株茎叶的生长结束，主要生理活动是生产、运输和积累光合产物。一般要浅水灌溉，此时水稻的生理需水并不次于分蘖期，水层的存在除直接满足生理需水外，主要是调节土壤温度，提高空气湿度。水分的亏缺，会削弱光合作用，降低植株内碳水化合物的含量，群众经验"稻莠连阴雨"，如果水稻抽穗期遇到高温干旱，必然空秕粒多。因此，这一时期，千万不可断水。水稻抽穗后 20～25 天进入黄熟期（穗梢黄色下沉）采用湿润灌溉法，最利于高产。

第三节　夏玉米高产栽培技术

一、品种选择和种子处理

生产上推广的杂交玉米主要有两种类型：一种类型为中早熟紧凑型玉米，其特点是穗上叶片上挺，与主茎夹角较小，株型紧凑，适合密植，结实性好，出籽率高，生产期较短，一般 95～105 天，代表品种有郑单 958、浚单 20、浚单 18 等；第二类为中晚熟大棒型玉米，其特点是株型高大，叶片平展或上挺、宽厚，叶色深绿，生育期较长，一般生育期 105～120 天，代表品种有豫玉 22、先玉 335 等。

选择玉米品种首先要考虑其适应性。要根据当地茬口和气候条件，选择适宜生育期的夏玉米品种，生育期太长，遇到低温多雨年份不能正常成熟，可能造成大幅减产，生产风险较大；生育期太短，不能充分利用当地的光热资源，不利高产稳产。其次还要考虑所选品种的丰产性、抗逆性等。

所选品种必须经过正式审定，并在其适生区域以内。

近年来，沿淮地区综合性状表现较好的品种有：蠡玉 16、中科 4 号、济单 7 号、登海 11、浚单 20、鲁单 981、农大 108 和郑单 958、隆平 206、先玉 335、弘大 8 号、登海 602 等。

使用包衣剂包衣，可以有效控制玉米丝黑穗病和地下害虫等病虫害。种子包衣处理应在播种前 3～5 天进行，待种子外层药膜（种衣膜）固化变硬后再进行播种。

二、适期播种和合理密植

提高播种质量，保证苗全、苗齐、苗匀是夏玉米高产的基础。

播种期越早越好，沿淮地区一般要在 6 月 15 日前完成播种。为了抢时间早播种，可在小麦收割后采取免耕直播方式，直接播种玉米。干旱年份可以先播种，后浇水。注意在播种后要进行适当镇压，将播种沟上土块整碎、整平，利于达到苗全、苗齐。水肥条件较好的地区，采取先浇水后播种；水肥资源紧张地区，可以采用先播种、后浇水的方法，能够争取 3～4 天时间。

采用免耕播种机进行播种，播前要认真调整播种机的下籽量和落粒均匀度，控制好开沟器的播种深度，做到播深一致，落粒均匀，防止因排种装置堵塞而出现的缺苗断垄现象。

夏播玉米留苗密度因品种不同而异，小穗型、耐密品种采用 60cm 等行距种植，株距 27～28cm，亩留苗 4 000～4 500 株；大穗型品种叶片平展，不可种植过密，否则空株率较高，易发生倒伏，一般采用 60cm 等行距种植，株距 30cm 左右，亩留苗 3 500～3 800 株。肥水条件较好的高产田块可适当增加密度。

三、加强田间管理

1. 及时查苗、补苗、间苗、定苗

玉米由于种子粒形较大，加之现在没有理想的播种机械，很难做到一播全苗，缺苗断垄现象时有发生。玉米出苗后要及时查苗补苗，补苗可采取补种式带土移栽。间苗时间在 3～4 叶期，定苗时间在 5～6 叶期。为了节约时间，可在 5～6 叶期拔除小株、弱株、病株、混杂株，留下健壮植株，一次完成间苗、定苗。定苗时根据不同品种特性确定留苗密度，个别缺苗的地方可留双株进行补偿，必须保证留下的苗均匀一致，降低后期的空株率。

2. 中耕

适时中耕围土，不仅可以疏松土壤，增加土壤通透性和供肥能力，还会切断玉米部分浅层根系，促进玉米根系下扎，有效防止后期倒伏。

一般夏玉米可进行 1～2 次中耕，第一次在出苗后定苗前，这时苗小，在靠近玉米苗的地方要浅中耕，行间可深中耕；第二次中耕在定苗后拔节前进行。要结合中耕进行施肥、围土。

3. 加强肥水管理

玉米是高产作物，生物产量高，生长速度快，加之生长季节气温高，田间蒸发量大，在降雨不足时要及时进行浇水。为便于田间管理，玉米在播种后要进行开沟，苗期预防渍害，干旱时顺沟浇水。特别是玉米在抽雄前 10 天、后 20 天，玉米田间土壤持水量低于 75% 时，就会影响玉米正常授粉，这时应及时进行浇水。

4. 化控防倒

当每亩留苗密度大于 4 500 株时，须在可见叶 6～9 叶时（拔节期前）喷药化控，缩短基部节间长度，增强基部节的韧性，促

进根系生长，防止玉米倒伏。

四、配方施肥

按每生产 100kg 玉米籽粒施纯氮 3kg、五氧化二磷 1kg、氧化钾 2kg 计标施肥量，亩产 600kg 需施氮 18kg，折合尿素 40kg，施磷 6kg，折合过磷酸钙 50kg，施钾 12kg，折合硫酸钾 24kg，复合肥料按氮磷钾折算。玉米属喜硫作物，应选用硫酸钾复合肥，每亩再加施硫酸锌 1kg。磷、钾和锌肥全部基施。氮肥总量的 40% 做基肥（秸秆还田的应增加基肥中氮肥使用量）；50% 做穗肥，在大喇叭口期（10 ~ 12 片叶展开）施用；10% 做粒肥，在抽雄期追施。大田种植可亩施 18 - 12 - 15 的玉米配方肥 50kg，或 45% 的硫酸钾复合肥 40 ~ 50kg，加硫酸锌 1kg，后分两期追施尿素 15 ~ 20kg。

沿淮地区夏玉米前茬多为小麦，秸秆残留量大，应注意加以利用。小麦秸秆还田后，能增加土壤有机质，改良土壤性状，提高土壤肥料和玉米生产水平。

五、化学除草

玉米播种后出苗前，每亩用 40% 乙·阿合剂 150 ~ 250mL 或 90% 乙草胺 100 ~ 150mL，对水 50kg 进行土壤封闭处理；玉米 2 ~ 5 叶期，可选用烟嘧磺隆·莠去津或硝磺草酮·莠去津进行茎叶处理除草；玉米拔节后，可在无风条件下，选用灭生性除草剂百草枯每亩 100 ~ 150mL，加水 30kg，用手动喷雾器加防护罩，在玉米行间定向喷雾除草。

六、病虫害防治

（1）苗期每亩用 2.5% 高效氯氟氰菊酯乳油 50 ~ 100mL，加 10% 吡蚜酮可湿性粉剂 20g，对水 30 ~ 50kg，全田喷雾，可有效防治地老虎、灰飞虱等。

（2）喇叭口期每亩用3%呋喃丹颗粒剂2kg借助工具丢入心叶内，或用氯虫苯甲酰胺喷施，可有效防治玉米螟等害虫。

（3）防治大小斑病可用70%甲基托布津可湿性粉剂每亩100g，对水30kg叶面喷洒。

（4）防治锈病可用430g/L戊唑醇20g或20%三唑酮50～75mL，对水30kg喷施。

在玉米授粉结束后，可选用热雾机综合防治病虫害，提高防治工效和防治效果，增加粒重，提高产量。

七、适期晚收

玉米适当晚收是一项不需增加成本的增产措施，一般在玉米苞叶干枯变白，籽粒变硬，玉米完熟即籽粒乳线基本消失、黑层出现时收获，玉米完熟用联合收割机收获可有效降低破粒率。收获后及时晾晒。

第四节 红芋高产栽培技术

红芋（通用名甘薯）又名红薯、山芋等。作为粮食、工业原料和饲料，其用途广泛，加之近年市场看好，所以生产种植也愈来愈受到人们的重视。

红芋属无性繁殖生长，收获产品是营养器官块根，无明显成熟期。由于生长条件要求不高，抗逆性强、适应性广，栽培季节拉得长，栽培类型、栽培方式多种多样。栽培技术和物资投入也有很大差异，所以种植红芋单产高低悬殊较大。因此，推广应用高产配套技术，实施良种良法栽培，才能夺取较高的产量和较好的效益。

一、选用良种

根据用途，选择合适的高产、优质、抗病品种。

作淀粉、粉丝加工用，要选用鲜薯和淀粉产量高，薯肉为白色或淡黄色的品种，这类品种有商薯19、秦薯4号、徐薯22、皖薯3号、阜薯20、皖薯7号、皖苏31号等品种。

作食用或食品加工用，要选用鲜薯产量高，淀粉率较低、薯肉红色或黄色的品种，这类品种有苏薯8号、皖薯5号、皖薯8号、宁薯192等。

加工出口速冻产品常用：胜利百号、红东、高系14等。

特色紫心型红芋品种因保健功能强、种植效益高而受到人们的青睐，这类品种主要有宁紫薯1号、济薯18、山川紫等品种。

同时还要兼顾品种抗病较强。

二、选田做垄

要选择土质肥沃，富钾、通透性好、土壤疏松、耕层深厚、保水保肥力强的地块。有条件的二三年轮作换茬一次。土壤黏性过大或沙性过大的地块要通过增施有机肥等办法改土培肥。红芋生长前期要求最适宜土壤水分为田间最大持水量70%左右，中期茎叶生长旺盛，田间保持最大持水量75%～80%，后期以60%～70%为宜。为了满足高产栽培红芋各期对水分的要求和改善土壤通气条件，以水调肥，高产田块要健全排灌设施，能排能灌，保证旱时土壤水分供应和雨涝期间及时降渍。并做成深沟高垄，这样保水保肥力强。深沟高垄还增大单位面积土壤与空间接触面，绿色面积也相应增加，有利田间通风透光，后期温差大，小气候状况好，能适应和抗避旱、涝、高温等多变环境。一般垄宽可做成80～100cm，高30～40cm，垄顶宽30～40cm，上栽一行红芋，也可栽两行，栽两行的可取耙齿行栽插。

三、配方施肥

红芋根系深而广,茎蔓能着地生根,吸肥能力很强。在贫瘠的土壤上也能得到一定产量,但这并不意味着红芋不需要施肥。实践证明,红芋是需肥性很强的作物。适量的氮可促进茎叶生长,使干物质向地下块根运送。过量氮肥造成茎叶疯长,地下块根数和营养积累量明显下降;磷促进碳水化合物合成及块根和茎叶生长。红芋干物质积累随着磷素增加而增加,并有向根部增加分配量的趋势;钾素在红芋增产中起着重要的作用,可促进碳水化合物的形成、生物产量提高并较多向薯块分配。块根数量、积累重量在一定范围内有随钾素量大小而增加趋势。据试验资料,生产 1 000kg 鲜红芋吸收氮 3.5kg、磷 1.75kg、钾 5.5kg;栽培中要满足各种元素需要,施用氮、磷、钾的比例以 1:0.8~1:2 为宜。肥料运用上要控氮、稳磷、增施钾肥。掌握前促、中控、后稳的原则。要选用中等肥力以上地块作为红芋高产栽培田,土壤肥力基础是有机质 1% 以上、全氮 0.1%、全磷 0.8%、全钾（K_2O）1.8%；碱解氮 90mg/kg、速效磷（P_2O_5）25mg/kg、速效钾（K_2O）120mg/kg 为好。可亩施纯氮 5~6kg;五氧化二磷 4~5kg;氧化钾 8~10kg。施肥以基肥为主,肥料以土杂肥、配方专用肥、复合肥为主,施量以前期为重。红芋是忌氯作物,要少施或不施含氯的化肥。前茬收后每亩普施 3 000kg 有机肥。氮磷钾化肥可结合做垄集中施用。各地要因地因时灵活掌握。推荐配方肥比例为 36%（10 - 10 - 16）（硫酸钾型）（40~50kg/亩）（1 亩≈667m², 全书同）、40%（10 - 10 - 20）（氯化钾与硫酸钾各半）（40~50kg/亩）。

四、培育壮苗

壮苗的标准是:苗龄 35 天左右,叶片舒展肥厚,大小适中,色泽浓绿，100 株苗重 700 ~ 1 000 g，苗长 20 ~ 25cm，茎粗约 5mm，苗茎上没有气生根，没有病斑，苗株挺拔结实，乳汁多。

（一）育苗时间

育成薯苗的时间要与大田栽插时间相衔接，过早过晚都不好。排种过早，因天气寒冷，保温困难，育苗期拖长，浪费人力物力，而且薯苗育成后，因气温低不能栽到田间，形成"苗等地"现象，不仅延长苗龄，还会降低薯苗质量。由于已育成的苗不能及时采，必然影响下茬苗的生长。如果排种过晚，出苗迟，育成的苗赶不上适时栽插的需要，会造成"地等苗"的局面，最终是晚栽减产。用火炕或温床育苗，一般掌握在当地栽插适期前 25 ~ 30 天排种。薄膜覆盖育苗提前到 35 ~ 40 天。例如，栽春薯的时间多从 4 月 20 日前后开始，排种育苗则在 3 月中旬前后为宜。

（二）育苗方式

火炕、大棚、电热苗床、酿热物薄膜、薄膜覆盖、地膜覆盖、露地育苗。各地目前多用薄膜加地膜覆盖借光育苗。

选择背风向阳、地势高燥、排水良好和管理方便的地块做苗床。

（三）育苗和管理

育足壮苗，能适时早栽，使红芋有较长时间生长是增产的重要一环。第一，提前做好苗床。酿热温床要选择避风向阳，地势偏高处做床，酿热物要用新鲜马牛粪和秸秆或碎草晒干备用。加入适量粪尿拌和入床，在稍通透气条件下腐烂生热；火炕育苗，建床时注意火道由低到高，有利烧火，火道分布要合理有利生热均匀。薄膜借光阳畦育苗一定选避风和有利采光增温条件的地方，并用地膜和弓棚双膜或三膜保温。苗床宽窄、长短按照需苗量和管理、覆盖方便而定。第二，育苗种薯选用薯重 150g 左右的夏薯薯种为宜，可用 50% 多菌灵 1 000 倍液浸种 10 分钟下床，每平方米排种 25kg 左右，浇透适温水后用混有有机肥的细土盖薯，覆膜防风保湿。下种前苗床要有一定温度，酿热温床要先来热后下种，有利薯块萌芽和防止烧芽。第三，苗床管理重点是温度管理。充分利用地膜、农膜、酿热物、烧火等收集太阳热能和生物热能增温；利用农膜、草帘保温；利用气孔和揭膜调温。做到高温催芽、适温育苗、常温炼苗。前期床温掌握在 32～35℃，注意最高不要超过 37℃，催芽温高多出芽、早出芽。出苗后温度可降低在 25～28℃育苗。低温苗壮，高温苗生长快。栽苗前两三天要降温 20～22℃炼苗，以适应外界环境。采苗后再提高温度和轻施水肥提苗。出苗前苗床一般不浇水，火炕育苗、晚育苗的保湿条件不好的可适当补水，苗床湿度保持土壤最大持水量 80% 左右较好，并注意苗床通风和光照。

（四）采苗圃繁苗技术

采苗圃是专门以繁殖大量薯苗供夏薯栽插的育苗方式，便于集中水肥管理多出苗、出壮苗，可减少栽春红芋面积。采苗圃选择土质肥沃，便于管理地块，4 月中下旬提前用地膜和小拱棚每亩栽 1 万～2 万株苗，做畦或做垄栽、大水肥管理；到夏栽红芋时可繁殖 15～30 倍。

五、科学栽插

（一）早栽精栽

实践证明，红芋适当早栽，有利其自身生长发育需要的光温水条件与自然气候资源吻合，地上地下发育正常易夺高产。尤其是夏红芋夺取高产一定要在 6 月 20 日前后栽完，在高温、旱象、多雨气候常出现的季节来到之前，高产田块红芋有一定营养面积，使营养生长和营养积累的矛盾容易协调，搭好丰产架子。红芋在 10cm 地温通过 15℃以上即可以栽插，地温 17～18℃时扎根返苗快。露地一般在 4 月 20 日可开始栽。夏红芋应尽量早栽。

红芋扦插要求晴天带水、肥或雨后土稍干时栽插。这样有利土壤通气、早生根、早返苗。要规范栽植，在保证成活情况下尽量浅栽，有利结薯。栽时选用壮苗，夏薯用中上部秧苗剪插。大苗、小苗、秧头苗分栽，防止大苗欺小苗，而后期有苗无薯，达不到均衡增产的目的。

（二）合理密度

红芋生产主要利用地下块根产量。构成产量多少决定单位面积栽插株数、单株结薯和薯重。要根据高产栽培中选用的不同品种、水肥基础、栽培季节、管理方式和管理水平、主攻单产目标等设计合理产量结构，协调各因素关系。实践证明，适当的亩株数是保证高产的关键。亩薯数量对产量影响大于薯重。高产春红芋亩株数应在 3 000 ~ 3 500 株为宜，高产夏红芋亩株数应在 3 500 ~ 4 000 株为宜。保证平均单株结薯 3 ~ 4 个。单薯重 200 ~ 350g，单株重 800 ~ 1 200g，春薯亩产可达 4 000kg 左右；夏薯亩产可达 2 500 ~ 3 000kg。高产田块还要配置合理行株距、适当宽行有利通风透光，均衡发育。行距一般以 80 ~ 100cm 较宜，可栽单行或双行。行距过大过小都影响株距配置和单株发育，不利防旱防涝、不利均衡增产。

（三）推广地膜覆盖栽培技术

早春地膜覆盖可有效提高地温和保墒，创造早栽、早发、早结薯的条件。壮苗地膜覆盖栽培明显增加生长时间、容易拿高产。地膜覆盖春栽红芋可在 4 月上中旬较露地栽苗提前 10 ~ 15 天栽下地，先浇水栽苗后全面覆盖，掌握适机破孔放苗。也可以先覆膜后破孔栽苗，先栽后栽都要用土盖好苗孔。夏栽红芋也可因地制宜，为保墒、保肥采取垄顶部分覆膜方法栽培。

六、大田管理

（一）掌握生长规律

一般栽培把红芋在田间生长分为扎根返苗期、分枝封垄期、封垄薯蔓同长到茎叶生长高峰期和茎叶衰退薯块膨大期几个阶段。在扎根返苗期，春红芋要求栽后 3 ~ 5 天扎根，8 ~ 10 天返苗并开始展叶，30 天开始分枝；夏栽红芋要求 1 ~ 2 天发根，3 ~ 5 天活棵返苗，新叶开始生长，20 天开始出现分枝。这期间以营养生长为主，大部分根系形成，不定根生长量占总量的60% 以上。在分枝封垄期，即春栽红芋栽后的 30 ~ 35 天，夏栽红芋在栽后 20 ~ 25 天时，主蔓出现分枝，地下块根形成到定数，块根开始分化结薯。春栽经过 35 天、夏栽经过 25 天地上茎叶封垄。这一阶段，生长中心从营养生长转到营养生长和营养积累并进，茎叶光合能力增强、同化物增多，是搭好丰产架子的关键时期。春栽红芋在栽后的 70 ~ 75 天起，夏栽红芋栽后 40 ~ 45 天开始，田间由封垄到茎叶生长达最大值。块根也相应膨大，新老叶更换。此期易造成地上和地下部养分分配矛盾。要注意调控。经过一个月左右，红芋生长进入茎叶衰退和块根膨大盛期。此时从8 月中下旬开始，到收获前 60 天左右时间，期前开始的薯蔓并长到蔓块盛长，以后的茎叶停止生长到长势平稳下降，养分全部转向地下薯块积累，块根增重达最大值。红芋田间各期生长发育要求有一定绿叶面积和合理的地上、地下生物产量比例，根据各生育期生长发育需求合理施管，才能获得理想的产量。实践经验证明早管巧管争取主动，促成早发能打下高产基础，也增加红芋生长期间对不利条件的抗避能力。

（二）多措并举，合理促控

扎根返苗期主要是营养生长，要早管早发，及时查苗补苗，保证全苗，松土保墒通气，必要时轻施苗肥；分枝封垄期叶面积要逐渐达到 2.7 ~ 3，管理上保持土壤湿度，防旱防涝。封垄前中耕培土。注意防虫除草。适当追施肥料，促茎叶稳健生长，从茎叶封垄到生长最高峰期，叶面积要控制在 3 ~ 4.5，此时是高温盛夏，气温高、湿度大、阴雨多光照不足或干旱无雨，都影响生长和养分分配，容易造成旺长或营养体不足，难以高产。要做好防旱、排涝。湿度大时提蔓散湿，采用水、肥和化学调节药剂合理调控，前期促稳健生长，后期提前看苗调控。生长势差的可以补施速效化肥。化控可在 8 月上旬开始对旺苗进行，一般用 15% 多效唑每亩 40 ~ 50g 加水 50kg 或缩节胺、矮壮素等抑制茎叶生长。

（三）注重后期管理

1. 喷肥保叶防衰

增加薯重。红芋在茎叶生长达最大值、叶面系数 4 ~ 4.5 后长势要平稳下降，才能有较多的叶面制造养分向根部输送，增加薯重，如果在下降后期忽视管理，功能叶过早衰老将严重影响结薯。所以后期保叶防衰十分重要，生长过旺的要继续化控。一般薯田要看苗喷施 0.5% 尿素液或 0.2% 磷酸二氢钾液，或美洲星、喷施宝等，也可喷施膨大素、助壮素等。根据苗情和结薯情况喷施 2 ~ 3 次，保证绿叶面积维持在 3 以上。

2. 注重收前管理

红芋收获产品是地下块根，块根是营养体之一，没有明显的成熟时期，只要温度和湿度、光照适宜都能继续生长增重。有试验证明：红芋生长后期在地温 18℃ 以上，气温和水分适宜，每亩日增鲜薯 40kg 左右。因此，重视收获前的田间管理，充分利用收前的光、热资源，增加薯重，夺取高产。要考虑加工需要、季节、后茬作物，当时的气象趋势等综合因素。后期有效的增产因子是土壤湿度、地温和延长生长时间，因时因地因苗，做好防旱、防渍、防衰等工作。据试验报道，红芋块根在地温 18℃ 以下时很少增重，在15℃时停止增重，如长时间处在9℃以下将会受冷害。所以也要掌握温度变化，适时收获。可在霜降前后气温10℃、地温18℃时开始收起，枯霜前一定收完入窖。收获要掌握晴天适摘、轻起轻运，上午起收，下午入窖。

七、综合防病治虫除草

红芋整个生育期间要采取有效措施，保证茎叶生长和保证一定叶面积制造养料。病、虫害造成叶面积损失最大，失去叶片功能作用，要注意防病治虫。红芋病虫害要以防为主，首先杜绝乱引种，减少茎线虫病等检疫虫害引入本地；黑斑病的防治，种薯可用50%多菌灵可湿性剂800～1 000倍液浸种8～10分钟或1 000～1 500倍液蘸苗基部10分钟，栽苗时采用二次高剪苗。红芋根腐病在局部地区发生，即开花烂根病，俗称"火龙"。主要是选用商薯19、徐薯27、徐薯22、皖薯3号、皖薯7号、皖苏31等抗病品种，清除病株，建立留种田等预防为主。虫害主要有红芋麦蛾、红芋斜纹夜蛾和红芋天蛾等，做好虫情测报发生时早治、治小，可用辛硫磷、阿维菌素、毒死蜱等农药在三龄前喷杀。田间杂草结合中耕清除，可用5%精喹禾灵乳油50～70mL对水50kg防除甘薯田间禾本科杂草。

八、安全贮藏

红芋安全贮藏的要点是：把好入窖关，杜绝坏烂、虫、病薯块进窖。薯窖要能保温、散湿、通风，又便于检查温湿度。入窖时薯块用多菌灵液或保鲜粉液浸薯块。入窖1个月内注意降温、排湿，温度控制在15℃以下。中期注意保温，窖温在11～14℃较好，及时拣出个别坏烂薯块。开春气温回升，要稳定窖温在11～13℃直到出窖，要注意选晴天开启通风窗散湿减少坏烂，丰产丰收。

第二章　主要蔬菜及西瓜栽培技术

第一节　番茄大棚早春防寒栽培技术

一、栽培方式

采用三膜覆盖栽培，即大棚膜、小棚膜、地膜的覆盖栽培方式。

二、品种选择

应选用抗病、早熟、耐低温弱光、结果集中、丰产的品种。大果型番茄有皖粉 1 号、皖粉 2 号、皖粉 3 号、皖粉 5 号、皖粉 6 号、皖粉 208、皖杂 15、中杂 9 号、中杂 105、合作 918、江蔬 9 号、浙粉 202 等新品种；小果型番茄有圣果、黄珍珠、圣女、亚蔬 6 号等新品种。

三、培育壮苗

1. 播种期的确定

适宜的播种期应根据当地气候条件、定植期和壮苗标准而定。适龄壮苗要求定植时具有 6 ~ 8 片叶、第一花序已显蕾、茎粗壮、叶色浓绿、肥厚、根系发达，达到此标准，苗龄 50 ~ 60 天左右。

2. 假植

应在 1 ~ 2 片真叶时移植，过晚影响花芽分化，一般采用营养钵、穴盘、纸袋假植。

3. 苗期管理

注意掌握适宜的温度和水分，满足对营养条件的需要。在营养土中应配合一定量的氮、磷、钾。为了保证幼苗的磷肥需要，在幼苗期可喷 0.2% 磷酸二氢钾溶液 1~2 次。

四、深耕重施基肥

定植前深翻地 30~40cm，结合翻地每亩施生物有机肥 2 500 kg 左右、过磷酸钙 20~30kg。整地作畦，进行晾晒，以提高地温。

五、定植与密度

抢晴定植，定植前喷一次杀菌剂，做到带药下田，边定植边浇定根水。定植密度为 3 000~3 500 株/亩。

六、定植后的管理

1. 温湿度的控制

定植后要保证较高温度，加速缓苗。定植后 3~4 天内棚温维持在白天 25~30℃、夜间 15~20℃，空气湿度 80% 左右。缓苗后要降低棚温，白天 20~25℃ 左右，夜间 10~15℃ 左右。在果实膨大期温度可适当提高，白天 25~28℃，夜间 15~17℃，空气湿度 45%~60%，土壤湿度 85%~90%。特别是果实接近成熟时，棚温可稍提高 2~3℃，加快果实红熟。当最低气温稳定在 15℃ 以上时，可昼夜通风换气。

2. 肥水管理

定植时土温较低，定植水不宜过大，定植 3~4 天后缓苗水可稍大一些。在缓苗水后要进行蹲苗，严格控制浇水，以提高地温，保持土壤墒情适当地控制茎叶徒长，促使体内物质积累，以利于根系生长，第一穗果长至核桃大小时，需结合浇水每亩追施尿素15kg或腐熟人粪尿1 000kg。盛果期的水肥必须充足，一般每隔7天左右浇一次水，追肥1~2次。每次每亩追施尿素10kg左右，或用尿素、磷酸二氢钾进行叶面喷肥。但追肥灌水要均匀，不能忽大忽小。否则，易出现空洞果或脐腐病。

3. 整枝及保花保果

无限生长类型的一般采用单干整枝；有限生长类型的一般采用一干半整枝，每株留果3~5穗，每穗留3~4果。后期应随时摘除下部的病、黄、老叶，以利通风透光。冬季温度低，影响授粉受精，引起落花，可用沈农二号喷花来保花保果。

七、病虫害防治

番茄的病虫害主要有叶霉病、灰霉病、早疫病、晚疫病、病毒病、蚜虫、白粉虱、烟青虫和根线虫等。防治方法，对于叶霉病和灰霉病，可用50%的速克灵可湿性粉剂1 000倍液喷施植株，或50%复方多菌灵胶悬剂500倍液喷施植株。对早疫病和晚疫病，可喷扑海因、瑞毒霉或百菌清防治。对于病毒病，除了搞好种子消毒外，管理上应防止接触传染，用吡虫啉等药灭蚜、白粉虱。防治蛀果的烟青虫、棉铃虫，可用除尽、夜蛾必杀等药傍晚时喷施。

第二节　辣椒大棚防寒栽培技术

一、品种选择

选择耐低温弱光、丰产、抗病的辣椒品种。青椒如苏椒5号、皖椒2号、皖椒301、皖椒8号，紫色辣椒如紫燕1号、紫云1号、紫云2号等。

二、培育壮苗

增加增温措施和保温材料，利用电热线加温或其他加温方式进行穴盘基质育苗。冷床播种于 10 月上旬，温床播种于 12 月中旬，电热温床播种于 1 月上中旬。壮苗特点为苗高 15cm，8~10片健壮叶片，节间短，根系发达，显大蕾。

三、整地、施肥

辣椒对土壤的要求比茄子、番茄严格，最好选择土层深厚、肥沃松软、排水良好的黏壤土或沙壤土为宜，不宜与茄果类、瓜类、马铃薯及棉花连作。前茬收获后深耕 20~30cm 晒土冻垡。施足基肥，每亩施腐熟的堆杂肥 5 000~6 000kg，人畜粪 2 500~3 000kg，复合肥 30~50kg，或过磷酸钙 40~50kg，钾肥 10~15kg。在定植前半月均匀撒施并翻入土中。整地做畦后，可覆盖地膜，既可以抑制杂草生长，又有利于保持土壤墒情和提高地温。

四、定植

当 10cm 土温稳定在 10℃ 以上时是适宜定植期。定植密度一般为 4 000~6 000株/亩。定植后应及时浇水，尽量少伤根系。

五、田间管理

1. 温度管理

定植后应保持较高的温度以促进缓苗。若白天温度超过 35℃，可稍放风降温。有小拱棚的白天揭开小拱棚膜透光，晚上盖严保温。幼苗长出新根后逐渐开始通风，温度保持在白天 25~30℃，夜间 15~20℃。温度达不到时仅在中午前后短时通风，当外界最低气温稳定在 15℃ 以上时，晚上不再关闭通风口。

2. 水分管理

定植时要浇足定根水，定植后 3~5 天再浇缓苗水，水量不宜太大，以免降低地温影响缓苗。第一批果实开始膨大后逐渐增加水量，保持土壤见干见湿，结果期要保持水分供应，晴天应增加浇水次数和水量，低温季节适当减少浇水次数和水量。在浇水的同时还应做好棚内通风换气，棚内相对湿度保持在 70% 左右为宜，避免棚内湿度过高，引发病害。

3. 施肥

辣椒生长结果期长，需肥水较多，应结合浇水进行追肥。生长前期一般每隔 10~15 天追一次肥，当植株大量结果和采收时每隔 7~10 天追一次肥。每次施 10~15kg 复合肥，促使植株稳长健长，有利于延长结果期。

4. 植株调整

植株茎部（分杈以下部分）的徒长枝及病枝、受伤枝、多余侧芽可以抹掉，以增加植株间通风透光，促进有效分杈，减少养分消耗和预防病害。整枝宜选在晴天进行，整枝后及时喷药以防伤口感染病害。

5. 病虫害防治

疫病用瑞毒酮、杀毒矾等药防治。疮痂病用速补、农用链霉素防治效果较好。防治病毒病可用小叶敌、病毒 K 等药加芸苔素 481 混合喷施。用吡虫啉等药灭蚜。防治蛀果的烟青虫、棉铃虫，用除尽、夜蛾必杀等药傍晚时喷施。

六、采收

及时采收门椒和对椒，以促进植株生长。在采收期，果实充分长大、果面有光泽、果肉厚实时即可采收。采收过程要细致，不要损伤枝叶。为追求最大经济效益，也可根据市场行情掌握商品果的采收时期。

第三节　茄子大棚早熟栽培技术

一、品种选择

选择早熟丰产、耐寒性强、品质优的茄子良种。如皖茄1号、皖茄2号、白衣天使、白茄二号、苏崎茄、杭州长茄等。

二、培育壮苗

采用大棚加小拱棚保护地育苗。也可采用电热线加温育苗。苗期气温尽量控制在白天25~28℃、夜间15~18℃；地温12~15℃。整个苗期要注意防止徒长和冻害。所育的茄苗要求苗龄较短、茎粗、棵大、根系发达。

三、及时定植

苗子长至5~7片真叶时，抢晴暖天气定植。定植前需施基肥，每亩施腐厩肥3 500 kg加复合肥40kg。株行距以40cm×50cm。

四、保温防寒

保温防寒是夺取早春茄子高产的关键措施。宜采用大棚 + 小棚 + 地膜覆盖栽培，必要时，还应在小棚上用保温布等保温材料。生长前期重点做好保温防寒工作，立春后既要避免冷害，又要防止高温对茄子生长的影响，促控结合。

一般定植缓苗期，应提高棚温，促进活棵。缓苗后白天保持在25℃，并揭去小拱棚膜，增加光照。超过25℃时，适当放风，夜间全部盖好。生育期棚温保持在白天25~28℃、夜间15℃左右。当外界最低气温稳定在15℃以上时即可昼夜通风。

五、整枝打杈

生长期枝叶生长较旺，要及时整枝打杈。植株茎部（分杈以下部分）的徒长枝及病枝、受伤枝、多余侧芽可以抹掉，后期要摘除老叶、黄叶、病叶，这样既可改善通风透光条件，又可使养分相对集中，果实着色快、膨大快、病害少、产量高。整枝宜选在晴天进行，整枝后及时喷药以防伤口感染病害。

六、加强肥水管理

前期追肥宜轻，坐果后要加强追肥，一般每亩施尿素 10～15kg，每隔 10 天左右追施 1 次；还应喷施 0.2%～0.3% 磷酸二氢钾 4～5 次。结合追肥，及时浇水，保持棚土湿润，同时浇水后要通风换气，防止棚内空气相对湿度过高。

七、病虫防治虫害

虫害主要有蚜虫、白粉虱、红蜘蛛、烟青虫、棉铃虫等。防治蚜虫、白粉虱用 70% 艾美乐水分散粒剂或 10% 蚜虱净防治，每 4～6 天喷 1 次；可用 73% 克螨特乳油防治红蜘蛛；防治烟青虫、棉铃虫可用除尽等。

苗期病害有猝倒病，防治方法苗期主要是通过种子消毒，发病时用 25% 甲霜灵可湿性粉剂、80% 福美双可湿性粉剂、水的比例为 1∶4∶600 浇灌苗床效果明显。成株期病害主要有灰霉病，用 2% 武夷霉素水剂 150～200 倍液喷雾早期预防效果较好，发病时用 50% 速克灵 2 000 倍液喷雾。

第四节 黄瓜大棚早熟栽培技术

一、选择适宜的品种

宜选用耐低温、耐弱光、结瓜节位低、早熟抗病的品种。适宜品种有金碧春秋、津优 12、津春 2 号、津春 5 号、农城 3 号、早丰 1 号、春丰 2 号等。

二、培育壮苗

苗期管理要点是：出苗前，白天 28~30℃，夜间温度维持在 15℃ 以上。出苗后应加大昼夜温差，控制湿度，防止徒长，白天温度保持在 24~28℃，夜温 12~13℃；遇到阴天，温度要适当降低，白天保持在 20℃ 左右，夜间保持在 12℃，幼苗长到 3 片真叶时，要逐渐加大通风量和延长日照时间。定植前一周要进行低温锻炼，夜温可降到 8~10℃。定植时的幼苗应具有 4~6 片真叶，苗龄 30~40 天。

三、提早扣棚作畦

定植前 15 天扣膜烤地增温，并开始整地做畦，每亩施入 5 000kg 有机肥，并混入过磷酸钙 100kg、草木灰 100kg、磷酸二铵 30kg。同时，根据具体栽植形式进行作畦，畦宽 1.0~1.1m，一般进行双行定植，亩栽 3 500 株左右。

四、适时定植

棚内 10cm 土温稳定在 10℃ 以上时，即可定植。定植时利用大棚、小拱棚、草帘等进行多层覆盖，可使棚内最低气温比露地高 6.5~8.0℃。同时，在大棚内可增加临时加温设备，以防寒

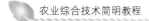

流侵袭，安全定植。

五、定植后管理

春大棚黄瓜定植时外界气温尚低，易受寒流侵袭，在温度管理上，应加强防寒保温工作。定植后 7 天左右密闭大棚，保温保湿，促进缓苗；浇缓苗水后，棚内仍以保温为主，昼温 24 ~ 28℃，夜温 15℃左右，最低不能低于 10℃。随着气温的升高，应通风换气，放风应掌握先小后大、先中间后两边原则。

浇足定植水后，待幼苗缓苗发根时，根据天气情况，适当浇缓苗水，此后暂停浇水，促发新根，根瓜坐住后，选晴天上午浇水追肥，盛瓜期要求肥水充足，清水与肥水交替进行，从根瓜始收到拉秧需追肥 8 ~ 10 次。最好多追施人粪尿，而适当减少化肥用量，无机肥可选用磷酸二铵或氮、磷、钾复合肥，严禁施用硝态氮肥。同时辅以叶面追肥，用 0.5% 尿素加 0.3% ~ 0.5% 磷酸二氢钾进行叶面追肥 2 ~ 3 次。

通过采用地膜覆盖、应用软管灌溉或膜下暗灌、高温闷棚、及时放风排湿、用烟雾剂或粉尘法等栽培措施防治病害。

六、及时采收

春大棚防寒栽培以早熟为目的，前期产量对缓解淡季供应、提高经济效益至关重要。因此，根瓜应适当早收，以利其他瓜条发育。结瓜盛期每 1 ~ 2 天即可采收 1 次。

第五节　瓠子大棚早熟栽培技术

瓠子是葫芦科瓠瓜属葫芦栽培种的一个变种，果实圆柱形。按果实长短分为长圆柱和短圆柱两个类型。长圆柱类型果实长 42 ~ 66cm，最长达 1m，横径 7 ~ 13cm。短圆柱类型果实长 20 ~

30cm，横径 13cm 左右。其大棚早熟栽培技术主要包括以下几个方面。

一、品种选择

应选用抗病、抗逆性强、商品性状好、质优、产量高的早熟品种。如杭州长瓜、浙杂 5 号、孝感瓠子等。

二、播种育苗

1 月中下旬用营养钵播种，播种前先进行种子处理。可采用地膜、小拱棚、大棚的覆盖方式来保温，温度过低时，在小拱棚上加盖草帘，防止冻苗，必要时采用电热温床育苗。加强苗期管理。培育健壮无病虫害、节间短粗、叶片浓绿、根系发达的幼苗。

三、整地作畦施基肥

瓠子的根系较浅不耐贫瘠，宜选择保水力较强，富含有机质的土壤，前茬应为非葫芦科作物。基肥以优质有机肥、常用化肥、复混肥为主。一般每亩施用腐熟畜禽粪 750～1 000kg 和过磷酸钙 20～30kg 作基肥，各地根据具体情况适当施用其他肥料。按 1.5m（包沟）做畦，铺好地膜后按每畦 2 行（行距 80cm，株距 60cm）打穴。

四、定植

棚室栽培夜间最低温度应在 12℃以上，一般在 2 月下旬至 3 月上旬幼苗具有 3～5 片真叶时进行定植。宜采用搭架栽培，每畦（1.5m 宽）栽两行，株距 60cm，行距 80cm。定植宜采用在地膜上打洞移栽的方法，注意带土移栽，减少伤根，并淘汰劣苗、病苗，栽后及时浇足定根水，并用细土封严，再插上小拱棚

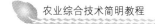

架，并盖好小拱棚膜，进行双膜覆盖。

五、定植后管理

1. 植株调整

在抽蔓开始时搭人字形架，并在人字形架上用小竹竿或粗草绳设横架 2~3 道，便于侧蔓攀缘。随着植株生长需进行人工分层绑蔓。瓠子靠侧蔓结果，在主蔓具有 6 片真叶时进行第一次摘心；当子蔓结果后再行第二次摘心，促使抽生孙蔓。此后任其自然生长。瓠子雌雄同株异花，一般主蔓先开雄花，后开雌花，侧蔓则先开雌花。为提早开雌花，增加雌花数量，在定植缓苗后，具有 4~6 片真叶时，用适宜浓度的乙烯利叶面喷洒 2 次，每亩用药 35~40kg，可使主蔓 10~25 节连续发生大量雌花，改变结果习性，提早结果，增加产量产值。

2. 肥水管理

瓠子生长势较其他瓜类弱，生长期短，结果集中，除施基肥外，还要追肥灌水。追肥宜薄施勤施。在定植成活和摘心后、果实膨大期分别施 1 次肥。开始采收后分期追肥 1~2 次，促使后期瓜生长。瓠子需水较多，应及时浇水，结果期间天旱可 1~2 天浇 1 次水，雨水多时，应及时排水防涝。

3. 辅助授粉

每天傍晚将当天盛开的雄花摘下，与雌花柱头对涂，一般一朵雄花可对涂 2~3 朵雌花。授过粉的雌花应做上标记，以免重复授粉。

4. 病虫害防治

大棚瓠子病虫害一般发生较轻。主要虫害有蚜虫、黄守瓜，可选用蚜虱净、高效氯氰菊酯等药剂防治。霜霉病、炭疽病，可选用 75% 百菌清、甲基托布津、波尔多液等药剂防治，间隔 7~10 天喷 1 次，连续喷 3 次。白粉病可用 25% 粉锈宁可湿性粉剂 8

～13g 药粉对水 50kg 喷雾，或 50% 多硫胶悬剂 300～400 倍液或
农用抗毒菌素 120 倍液等喷雾防治。

六、采收

瓠子必须及时采收嫩果，否则质量降低。采收嫩果以花后
10～15 天为宜。早熟栽培气温低，早期坐果的果实，发育较慢，
须花后 15～20 天才能采收。

第六节　豇豆早熟栽培技术

一、品种选择

早春豇豆栽培，宜选择生长势强，早熟，耐低温，耐湿，耐
弱光，耐寒，抗病性较强，"回头荚"产量高的品种。目前，表
现较好的有：皖豇 1 号、豇霸王、特选之豇 28、特早 30、扬豇
40、宁豇 3 号等。

二、播种育苗

1. 选种

每亩备种 1.5～2.5kg；为提高种子的发芽势和发芽率，保证
发芽整齐、快速，应进行选种和晒种，剔除饱满度差、虫蛀、破
损和霉变种子，选晴天晒种 1～2 天。

2. 苗床准备

为确保恶劣天气条件下，特别是低温、寡照时，能够达到快
速育苗的目的，一般采用电热线加温苗床。一般选用 8cm×8cm
塑料营养钵或 50 孔塑料穴盘，基质采用商品基质，也可按草
炭：蛭石 =2：1 或草炭：蛭石：废菇料 =1：1：1（全部为体积
比）自配。

3. 浸种

将种子用90℃左右的开水烫一下，随即加入冷水，使温度保持在25~30℃，浸泡4~6小时，离水。由于豇豆的胚根对温度和湿度很敏感，所以，一般只浸种，不催芽。豇豆早春栽培，为提早上市，防止低温危害，一般都采用大棚加小棚加无纺布、电热线加温，用10cm钵护根育苗移栽，在1月下旬至2月中旬播种育苗。2~3月可直播大棚内。播种前先将穴盘基质浇水造足底墒。播种时，1穴点种3~4粒种子，覆上2~3cm厚盖籽土。

三、定植

10cm深地温达10~12℃，最低棚温5℃以上为安全定植期。苗龄20~25天。密度为大行70cm，小行50cm，穴距30cm。一定要带土定植。

四、田间管理

1. 温度管理

定植后一周内保持高温促进缓苗，白天25~28℃，夜间15~18℃。当温度超过32℃时，中午适当通风换气降温；寒潮影响时加温防冻。缓苗后棚温保持在白天20~25℃，晚上15~20℃的适宜温度。外界最低温度15℃以上昼夜通风，20℃以上撤去棚膜。

2. 肥水管理

遵循前控后促原则，开花结荚前控制肥水防徒长，嫩荚坐稳后，足肥足水，促进连续结荚。氮、磷、钾配合，增施微肥和叶面肥，防后期早衰。

3. 植株调整

主蔓第一花序出现后，抹去以下各节侧芽，进入中后期应及时摘除老病叶。生长后期摘心，促进中上部的侧蔓结荚。

五、病虫害防治

豇豆的主要病害有锈病、叶斑病、根腐病；虫害有蚜虫、豆荚螟、潜叶蝇和螨类。用粉锈宁防治锈病，用甲基托布津防治叶斑病，用多菌灵、敌克松、杀菌王防治根腐病。用抗蚜威、溴氰菊酯、速灭杀丁、阿维菌素等防治蚜虫、豆荚螟、潜叶蝇和螨类。

六、采收

大棚豇豆定植后 40~60 天，花后约 15~20 天，豆粒略显时抓紧采摘嫩荚，促进小果荚生长。采收时不要损伤花序上其他花蕾。

第七节　毛豆早熟栽培技术

一、品种选择

选择丰产、豆荚大、籽粒圆、叶色浓绿、抗寒和抗病能力强的早、中熟品种，如特早春鲜、大粒早、早春绿珠、95-1、辽鲜1 号等。

二、育苗

1. 营养土配制

要求营养土的 pH 值在 5.5~7.5，孔隙约 60%，疏松透气，保水保肥性能良好。营养土配制：肥沃田土 50% + 腐熟厩肥40% + 细沙 10%，按每立方米营养土加入磷酸二铵 1kg，硫酸钾0.5kg，整细过筛混合在一起，堆积 10 天左右。

2. 装钵

将配好的营养土装入 8cm×8cm 的营养钵或 50 孔穴盘，摆放于铺垫平整的育苗床土上备用，准备播种。

3. 种子消毒

首先晒种 1~2 天，用 1% 福尔马林浸泡 20 分钟，杀死种子表面的病原菌，达到消毒的目的，清洗干净后再在清水中浸种 2~3 小时，捞出放在容器内催芽 20 小时，种子萌动，胚芽露出即可。每亩移栽田需播种量 4~5kg，每平方米苗床需播种量 100g。

4. 湿度管理

播种每个营养钵浇水后，每钵播种 3~4 粒，覆盖细土 2cm，再盖一层地膜，保温保湿。尽量让苗床多见光，保持适宜的温度，白天 25℃，夜间 20℃ 左右，7~8 天出苗，出苗前不再浇水，以防土壤湿度过大烂种。当 60%~70% 幼芽出土后，撤去地膜。

5. 苗期管理

子叶出土后，1~2 天可变成深绿色，即能进行光合作用，制造有机物质供应胚芽和幼根生长所需。棚室管理适温为 20~25℃，此期耐寒能力明显比真叶展开前差，一遇霜冻，即会死苗，因此，夜间要防寒防冻。

三、整地施肥

棚室栽培要多施有机肥，增加土壤透气性，给根瘤菌提供足够的氧气，深翻土壤，使根系能顺利伸长，达到根深株壮的效果，一般每亩施腐熟农家有机肥 1 000~1 500kg，磷酸二铵 7~10kg，硫酸钾 4~5kg，均匀撒施地面，深翻 25~30cm，使肥与土充分搅拌均匀，耧耙平后做畦，1.2~1.5m 宽，长度随棚室而定。

四、定植

定植密度为行距 35cm，株距 25cm。栽苗时应把大小苗分开栽，不能大小混栽，防止互相影响，使秧苗生长均匀一致。每亩保苗 2 万~2.5 万株。

五、田间管理

毛豆开花结荚期是毛豆吸收氮、磷等元素的高峰期，宜在开花初期适当追肥，叶面喷洒 0.2% 磷酸二氢钾＋0.1% 尿素。微量元素钼有提高毛豆叶片叶绿素含量、促进蛋白质合成和增强植株对磷元素的吸收作用，用 0.01%~0.05% 的钼酸铵水溶剂喷洒叶面，可减少花、荚脱落，加速豆粒膨大，增产效果显著。水分管理遵循"干花湿荚"的原则，前期少浇后期多浇，保花促荚，同时在初花期进行摘心打顶，抑制营养生长，促进豆荚早熟。

第八节 西瓜栽培技术

西瓜是夏季主要的消暑果品，果瓤甜美，味甜多汁适口，富含多种维生素，在安徽乃至全国是夏季消暑的大宗水果之一。为提高西瓜的产量和品质，现就西瓜种植技术介绍如下。

一、生物学特性

（一）形态特征

1. 西瓜的根

属深根系，主根深达 1m 左右，侧根横向延伸可达 3~6m，主根群分布在 10~50cm 土层，吸肥水能力很强。根的再生能力弱，受伤后不易恢复，所以，生产上常采用直播，如果育苗移栽，一定要注意根的保护。

2. 茎、叶

茎又称蔓，主蔓在 5~6 片叶之前直立生长，超过 30cm 长度时，由于机械组织不够发达，自身支撑能力不足，便匍匐地面生长。茎的分枝能力很强，可萌发 3~4 级侧枝，但以主蔓 3~5 片叶腋中发出的侧枝较为健壮。西瓜的茎节上很容易产生不定根，采用压蔓的办法，可促使不定根形成，增加吸收面积，固定植株。

3. 花、果实、种子

西瓜花小黄色，雌雄同株异花，单生于叶腋。早熟品种在主蔓第六、第七节着生第一雌花，中、晚熟品种在第十节以后发生第一朵雌花。雌花间隔节数为 7~9 节。开花盛期可出现少数两性花，花清晨开放下午闭合。

4. 果实、瓜瓤、瓜籽

果实为椭圆形、球形，颜色多样。瓜瓤有红、黄、白等。种子有黑、白、或红色等。西瓜还可按其种子的大小分为大籽型西瓜、小籽型西瓜和无籽西瓜，种子千粒重大籽类型 100~150g、中粒类型 40~60g、小籽类型 20~25g。

（二）生育周期

全生育期可划分为发芽期、幼苗期、抽蔓期和结果期 4 个时期。

1. 发芽期

由种子萌动到子叶展开，真叶显露为发芽期。

2. 幼苗期

由真叶显露到 5~6 片叶为幼苗期。此期生长量小，栽培上应给予良好的条件，促进幼苗根系和器官分化。

3. 抽蔓期

由 5~6 片叶抽蔓开始到留瓜节位的雌花开放为抽蔓期。此期生长速度快，生长量大。栽培上要促进茎叶生长，形成一定的营养体系，同时促控，保证花器形成。

4. 结果期

由留花节位的雌花开放到果实开始旺盛生长为止。又可分为坐果期、生长期、变瓤期 3 个时期。

5. 坐果期

由留瓜节雌花开放到果实开始旺盛生长为止。光合产物开始向果实输入。栽培上主要调节营养生长和果实发育的平衡，以保证坐瓜。

6. 果实旺盛生长期

由果实迅速生长到果实大小基本固定为止。这一期间果实生长量大，吸收养分最多，是产量形成的关键，此时应给以大肥、大水，促进果实的迅速生长。

7. 变瓤期

由果实大小基本固定到成熟期。此间糖分转化迅速，外观具有该品种的固有色泽。

（三）对环境条件的要求

1. 温度

西瓜喜温、干燥的气候，不耐寒，生长发育的适宜温度在 24～30℃，根系生长发育的适宜温度 28～30℃。较大的昼夜温差能提高和培育高品质的西瓜。

2. 水分、光照

西瓜喜光、耐旱、不耐湿，整个生长期间日照充足，产量就高，品质也好，如遇阴雨天多，湿度过大，西瓜容易感病，从而造成西瓜的品质下降、产量降低。

3. 土壤、养分

以土质疏松，土层深厚，排水良好的沙质土最佳，pH 值一般在 5～7。根据分析测定，每生产 100kg 西瓜约需吸收氮 0.19kg、磷 0.092kg，钾 0.136kg。但在不同的生育时期对养分的吸收量也有明显的差异，在发芽期占 0.02%，幼苗期占 0.53%，抽蔓期占 14.5%，结果期是西瓜吸收养分最旺盛的时期，占总养分量的 84.95%，因此，随着植株的生长，需肥量逐渐增加，到果实旺盛生长期间，达到最大值。

二、播种适宜时期

沿淮，特别是淮北地区在没有保护设施的条件下。一般以冬霜已过，地温一般稳定在 16℃ 时为露地栽培的适宜时间。同时根据不同的品种，其栽培时间、栽培方式应随之变化。

三、整地施足基肥

西瓜要选择土壤疏松、土层肥厚、排水良好、光照充足的地块；西瓜地不宜连作、水稻田一般要 4 年轮作一次，旱作田一般要 6~7 年。否则枯萎病严重；前作以水稻、玉米等禾本科作物为最好。

瓜田最好在冬季进行深翻，在此基础上，四周开排水沟，按照栽培的行距 2.4~3.0m 开挖畦面（沟宽 0.5m），在畦面一侧开沟施基肥，每亩施入农家肥 3 000kg，加施磷肥 20kg 左右，45% 高磷高钾复合肥 20~25kg，硼砂 1kg，锌肥 1kg。为防地下害虫可在基肥中混施少量辛硫磷颗粒杀虫剂。盖好基肥沟，并整成瓜垄最后覆盖地膜，等待播种或移栽。

四、浸种催芽

（一）浸种

浸种前先将种子晒 1 天，晒过的种子用大约 30℃ 的温水浸种 6~8 小时，然后捞出用毛巾将种子包好搓去种子皮上的黏膜，为防枯萎病，用 1 000 倍液的甲基托布津再浸 4 个小时，一般浸种时间要求达到 12 小时，种皮软化即可取出用清水冲洗干净以备催芽。

（二）催芽

将浸好的种子平放在湿毛巾上，种子上面再盖上一层湿毛巾，放置于 30 ~ 35℃ 环境下催芽，72 小时基本出齐，发芽85% ~90% 露白即可播种。

五、播种或移栽

（一）催芽直播

在瓜垄上近施基肥处开一条深 7 ~ 10cm 的浅沟，株距以45 ~50cm，每穴播催芽种子 1 ~ 2 粒（大部分以 2 粒为准），遇干旱时浇一次透水后，然后覆土 2 ~ 3cm，经 2 ~ 3 天即可出苗；一般每亩用种 150 ~200g。

（二）育苗移栽

苗龄以 30 ~ 35 天为宜，瓜苗 3 叶 1 心移栽，株距 45 ~50cm，亩栽 450 ~500 棵，移栽后浇定根水。

六、田间管理

（一）中耕、排水

中耕是在播种齐苗或定植还苗后开始，一般是间苗、松土、培土三者结合进行，幼苗期浇水宜少，注意"蹲苗"，以利根系生长；在蔓长 30cm 时追一次重肥后再培土。西瓜果实大，产量高，需水量大，在旱地栽培注意灌溉。栽培西瓜田块应做到沟沟相通，雨后田间无积水，这是确保西瓜稳产、丰产的基础。在果实成熟前的 6 ~ 8 天停止灌水，以促进糖分转化，增加甜度。

（二）追肥

瓜田追肥的基本原则：轻施苗肥，先促后控，巧施伸蔓肥，坐住幼果后重施膨瓜肥。

1. 促苗肥

促苗肥一般是在瓜苗移栽后一周内或直播苗 4 ~ 5 叶期追施，在基肥不足或基肥的肥效还没有发挥出来时，一般每株施尿素 8 ~ 10g（滴管施肥技术）。

2. 催蔓肥

可在伸蔓前后进行，一般在瓜苗长至 40 ~ 60cm 时，每亩施尿素 10 ~ 12kg，过磷酸钙 10kg，硫酸钾 10kg，或者每亩采用 45% 硫酸钾型三元复合肥 20kg 左右，在距瓜根部 25 ~ 30cm 或两株中间开沟施入，沟深以 15cm 左右为宜。

3. 膨瓜肥

膨瓜期是西瓜生长期间需肥量最大的时期，西瓜鸡蛋大时根系布满全畦，许多瓜农会在此时穴施膨瓜肥，由于穴施肥料过于集中，会将施肥点周围的根系烧坏，同时也不利于肥料的快速分解转化，与西瓜膨瓜期大肥大水、速效全面的需肥特点大相径庭，所以，在西瓜鸡蛋大时，距瓜根基部 30 ~ 45cm 左右围圈（重点瓜蔓伸展一侧）用硫酸钾型复合肥 8kg、尿素 5kg、硫酸钾 5kg 溶解后掺水浇施。膨瓜肥浓度宜淡，以水调肥，使肥料在短期内迅速发挥作用。后期进行叶面喷肥，采用 0.4% 的磷酸二氢钾溶液每隔 7 ~ 10 天喷施一次，一般以 2 ~ 3 次为宜。

（三）整蔓

西瓜蔓叶繁茂，如果任其生长瓜蔓相互重叠，不但影响密植，而且会推迟结瓜。

1. 留蔓

西瓜整枝方法一般有单蔓、双蔓和三蔓等。单蔓整枝每株仅留一蔓。将其余侧蔓全部除去，方法简单，单位面积内株数多结瓜多，但单株叶片少，果实不易长大，产量和质量均较低。双蔓或三蔓整枝一般除留主蔓外，在主蔓长到 30cm 以上时，双蔓整枝是在基部选留一个健壮侧蔓，三蔓整枝留两个健壮侧蔓作为副蔓或预备蔓，其余侧蔓一概除去，生产上多采用双蔓整枝。西瓜整枝时，应注意一是适时整枝。一般当主蔓长 40～50cm，侧蔓约 15cm 时开始，以后隔 3～5 天整蔓一次，但是不管采用哪种整蔓方式，坐果前都要认真进行，坐果后不再整蔓，以便有更多的枝叶为果实生长提供营养。当果实开始迅速膨大时，为防止营养生长过旺，可进行摘心。

2. 压蔓

当蔓长 30～40cm 时，应进行整蔓，使其分布均匀，并在节上用土块压蔓，促使产生不定根，固定叶蔓，防止相互遮光和被风吹断伤根损叶，以后每隔 5～6 节压一次，直至蔓叶长满畦面为止。压蔓方法有明压和暗压两种。在沿淮淮北地区以多雨为主，土壤湿度大，压蔓时多以明压为主，即不必将蔓全部埋入土内，只将土块压在节位上，节间仍露地面。至于少雨干旱地区为促进不定根的发生，应将瓜蔓理直埋入土中，俗称"暗压"。无论采用哪种压法，都应根据植株的长势来确定。

（四）人工授粉

西瓜等瓜类大部分是依靠昆虫作媒介的异花授粉作物，在大棚或者露天栽培时的阴雨天气，昆虫活动较少时，就会影响花粉传播而不易坐果。为了提高坐果率和实现理想节位坐果留瓜，应进行人工辅助授粉。

1. 雌花选择

授粉时应当选择主蔓和侧蔓上发育良好的雌花，其花蕾柄粗、子房肥大、外形正常、颜色嫩绿而有光泽，授粉后容易坐果并长成优质大瓜。

2. 授粉时间

西瓜的花在清晨 5～6 时开始松动，上午 8～10 时是最佳授粉时间，因为此时是西瓜生理活动最旺盛的时期。阴天授粉时间要略微推迟至上午 9～11 时。

3. 授粉方法

用当天开放且正散粉的新鲜雄花，将花瓣向花柄方向用手捏住，然后将雄花的雄蕊对准雌花的柱头，轻轻蘸几下即可。

（五）坐果管理

1. 留瓜

一般留第二、第三朵雌花结瓜。早熟品种可预留第一至第三朵雌花，瓜坐住后，按"二、一、三"的顺序择优留一个瓜。中晚熟品种可预留第二至第四朵雌花，瓜坐住后按"三、二、四"的顺序选留一个瓜。如果主蔓上的瓜没坐住，在侧蔓上也应按这个顺序留瓜。每株留 1 个瓜为宜。

2. 果实护理

在西瓜开花坐果和果实发育阶段，精心护理果实也是提高西瓜产量和品质的关键环节。护理的措施有护瓜、垫瓜、翻瓜、竖瓜、晒瓜和盖瓜等。

（1）护瓜：从雌花开放到坐果前后，子房和幼瓜表皮组织十分娇嫩，易受风吹、虫咬及机械损害，此时应用纸袋、塑料袋等将幼瓜遮盖起来，称护瓜。

（2）垫瓜：当果实长到 1～1.5kg 时，将瓜下面的土块敲碎整平、垫上草或细沙土，即垫瓜。

（3）翻瓜：不断改变果实着地部位，使瓜面受光均匀，皮色一致，瓜瓤成熟度均匀。翻瓜一般在膨瓜中后期进行，每隔5～6 天翻动一次，可翻 2～3 次，翻瓜应在晴天下午瓜柄水分减少，不易折断时进行，用双手操作，每次翻动的角度不易过大，着地面显露即可，以免扭伤和拧断瓜柄，每次翻瓜应朝同一方向进行。

（4）竖瓜：到西瓜成熟采收前几天，可将瓜竖起来，以利果形圆正、瓜皮着色良好。

（5）晒和盖瓜：以"小时晒、熟时盖"为原则。在未成熟的绿色果皮中，含有大量叶绿素，所制造的光合产物直接输给果实，促进糖分的积累，因此，小时要晒。当果实快要成熟时，果皮中的叶绿素逐渐分解，光合作用下降，果实内部主要是有机物质的转化，而不是制造和积累。如在强光的直接照射下，易引起日烧病，因此，当果实快要成熟时，要用叶片遮盖。

（六）病虫防治

西瓜的主要病害有枯萎病、炭疽病、病毒病、白粉病、疫病，主要虫害有小地老虎、蚜虫、红蜘蛛、瓜蛆、潜叶蝇等。

1. 病害防治

选用无病种子，种子用100倍福尔马林液浸种30分钟消毒。对于真菌性病害主要的防治方法：发现病株及时拔除烧毁，病穴内用石灰或50%代森铵400倍液消毒。发病初期可在根际浇50%代森铵500～1 000倍液防治。推广西瓜嫁接换根技术。在西瓜生长期间每隔7～8天交替使用70%甲基托布津1 000倍液、25%多菌灵500～700倍液、50%代森锌1 000倍液、1：1：200倍的波尔多液等方法防治。

2. 虫害的防治

对小地老虎、瓜蛆可采用早春多耕多耙消灭虫卵，用90%的敌百虫800～1 000倍液浇根或加少量水拌鲜草、拌炒香的饼肥诱杀。红蜘蛛、潜叶蝇可喷50%阿维菌素1 000倍液或喷80%的敌敌畏1 000～1 500倍液。

七、采收

授粉后，早熟品种28天左右成熟，中熟品种32天左右成熟，晚熟品种35天左右成熟，因气温高低略有变化。直观判断：瓜附近的卷须发黄，瓜脐凹陷变小。注意高温采摘时，可提前1～2天采摘，防止采摘后不能及时出售，瓜成熟过度，品质下降。

西瓜的成熟度鉴定一般可以通过算、看的办法来进行鉴定。

（一）算

西瓜从播种至收获 80～100 多天，结瓜后早熟品种 30 天，晚熟品种 35 天。

（二）看

成熟果实邻近果实附近几节卷须枯萎、果柄茸毛消失、蒂部向里凹、果面条纹散开、皮光滑发亮、果粉退去。

第三章　水产养殖技术

第一节　冬季清塘要点

鱼类是变温动物，当水温下降到8℃以下时便进入冬眠期，渔业生产上称之为"冬闲"季节。其实冬闲并不闲，仍有很多事情要做，冬季应做好以下几项工作：一是要加强冬季鱼池投喂管理，确保鱼类安全越冬。要做好鱼种的并塘工作，同时要加足水。抓住晴暖天气的中午进行间隔投饵施肥。越冬的池水透明度要提高到5cm左右，确保肥水越冬，这是防止鱼种消瘦飘塘的有力措施。二是要抓紧做好对老池的清塘工作。养殖中每经过一个食物链环节都会产生大量未被利用的物质，以及大量使用渔药造成渔业环境的自身污染，经过一年的养殖，池底万物积聚，淤泥增厚，污染加重。

不清塘的危害和清塘方法

（一）不清塘的危害

1. 长期养殖，又不进行池塘清整，会使水质变坏

亚硝酸盐和硫化氢等致命毒性物质含量超标，严重影响着鱼、虾、蟹健康养殖与生长。

2. 池塘底部存在大量寄生虫、细菌、病毒等病原体

当水质恶化时，酸性物质增强，病原体滋生，极易引起鱼类发病。

3. 池塘底部承载着大量残饵、粪便和死亡藻类等有机物

这些有机物腐败分解，会大量消耗水体中的溶氧，使水中溶氧经常处在 2 ~ 3mg/L 以下，这样的低溶氧会造成养殖的鱼、虾、蟹缺氧浮头，甚至死亡。

4. 池坡坍塌，淤泥增厚

池塘变浅，载水量下降，鱼类活动空间缩小，产量降低。

忽视池塘清整，会对鱼、虾、蟹的生长造成极大的危害。长期以来，不少的养殖户由于忽视池塘的清整，池坡倒塌，淤泥沉积逐年增加，池塘变浅，载水量下降，鱼类活动空间缩小，从而使鱼池的生态环境恶化，疾病加重，时常出现泛塘现象。

（二）清塘方法

目前常用的清塘方法是药物清塘。药物清塘是利用药物杀灭池中危害鱼、虾、蟹苗种的病原体、寄生虫和各种凶猛鱼、野杂鱼及其他敌害生物，避免因病害影响养殖品种正常生长发育。常用的清塘药物有生石灰、漂白粉、海因类消毒剂。

1. 生石灰清塘

生石灰即氧化钙，其清塘作用是生石灰遇水后发生化学反应产生氢氧化钙，并放出大量热能。氢氧化钙为强碱，其氢氧离子在短时间内能使池水的 pH 值提高到 11 以上，从而能迅速杀死野杂鱼、各种虫卵、水生昆虫、螺类、青苔、寄生虫和病原体及其孢子等。同时石灰水与二氧化碳反应变成碳酸钙，碳酸钙能使淤泥变成疏松的结构，改善底泥通气条件，加速底泥有机质分解，加上钙的置换作用，释放出被淤泥吸附的氮、磷、钾等营养素，使池水变肥，起到间接施肥的作用。其清塘方法有两种：干法清塘和带水清塘。

（1）干法清塘：先将池塘水放干或留水深 5 ~ 10cm，在塘底挖掘几个小坑，每亩用生石灰 70 ~ 75kg，并视塘底污泥的多少而增减 10% 左右。把生石灰放入小坑用水乳化，不待冷却立即均

匀遍洒全池，次日清晨最好用长柄泥耙搅动塘泥，充分发挥石灰的消毒作用，提高清塘效果。一般经过 7 ~ 8 天待药力消失后即可以放鱼。

（2）带水清塘：对于清塘之前不能排水的池塘，可以进行带水清塘，每亩水深 1m 用生石灰 125 ~ 150kg，通常将生石灰放入木桶或水缸中溶化后立即趁热全池均匀遍洒。7 ~ 10 天后药力消失即可放鱼。实践证明，带水清塘比干法清塘防病效果好。带水清塘不必加注新水，避免了清塘后加水时又将病原体及敌害生物随水带入，缺点是成本高，生石灰用量比较大。不论是带水清塘还是干法清塘，经这样的生石灰清塘后，数小时即可达到清塘效果，防病效果好，但必须注意的是：酸性较强的水体不能用此法清塘。

2. 漂白粉清塘

漂白粉一般含有效氯 30% 左右，经水解产生次氯酸，次氯酸立即释放出新生态氧，它有强烈的杀菌和杀死敌害生物的作用。施用时先用木桶加水将药物溶解，立即全池均匀遍洒，泼完后再用船和竹竿在池中荡动，使药物在水体中均匀分布，以增加药效。每亩水深 1m 的池塘用 13.5kg。4 ~ 5 天后药力消失即可放鱼。漂白粉有很强的杀菌作用，但易挥发和潮解，使用时应先检测其有效含量，如含量不够，需适当增加用量。

3. 海因类消毒剂

包括二溴海因和溴氯海因消毒剂。海因类消毒剂具有在水中释放次卤酸的氧化作用；次卤酸分解形成新生态氧的新生氧作用；释放出的活化卤素，与含氮的物质发生反应形成卤化胺有干扰细菌细胞的正常生理代谢作用，从而起到杀菌消毒的作用，相对前两法用海因类消毒剂具有用量少（每亩水深 1m 使用 1 ~ 2kg，4 ~ 5 天后药力消失即可放鱼）、效果明显、作用时间长的特点。

第二节　春季鱼苗的放养

一、鱼苗池的选择

鱼苗池要求水源充足清新，排灌方便。池底平坦，壤土为佳。面积 5 ～ 10 亩。

二、鱼苗放养前的准备工作

（一）暴晒

在鱼苗放养前一个月应排干池水，挖出进量的淤泥，将池底整平，修好池堤，暴晒数日。

（二）药物清塘

池底保留水深 10cm，在池底四周挖几个小坑，将生石灰倒入坑内，加水熟化，不待冷却将石灰浆向池中均匀泼洒，每亩用生石灰 60 ～ 75kg。

（三）培肥水质

清塘后一星期施有机肥，每亩施经发酵过的猪粪、牛粪等300kg；15 天后，每天每亩施农家肥 50kg，并每隔 3 ～ 4 天加注新水 10cm。

三、鱼苗放养的时间、品种、密度

四月中、下旬每亩放鲢、鳙鱼苗 10 万 ～ 20 万尾。草鱼苗、青鱼苗、鲤鱼苗的放养密度适量低些。若当年想养成大规格品种，每亩可放 5 万 ～ 6 万尾。

四、饲养管理

（一）投饵施肥

鱼苗下塘后每天亩施经发酵的猪粪 50kg，同时每天需泼洒黄豆 23kg 磨成的浆，少量多次。

（二）加注新水

每隔 35 天向池中加注新水 10cm。

（三）坚持每天巡塘

观察水色变化和鱼苗的动态。

（四）加强鱼病的防治工作

第三节　成鱼养殖春季鱼种投放的技术措施

俗话说"一年之季在于春"，养鱼要想获得高产高效，把握好春季鱼种放养这一环节更为重要，本人通过总结多年来的生产经验认为，春季鱼种投放要把握好以下技术措施。

一、要培肥池塘水质

鱼塘经过一冬的冻晒和清塘消毒后，要及时注入新水，施足基肥，基肥一般每亩施 250～500kg 腐熟了的牲畜粪或人粪尿，如果是新建鱼塘，要求还要多施，施肥后可注入一部分冬水，以利于培肥水质，增加水体中的天然饲料，保证所投放的鱼种一下塘就有充足的饲料生物供给，促进春后的生长发育。

二、把握好鱼种投放时间

一般在惊蛰后水温上升至 8～12℃ 时是鱼种投放的最佳时间，因为这时鱼种活动力弱，鳞片紧，有利于鱼种捕捞运输和放养中的分拣挑选，使鱼种下池不易受到伤害，成活率也高，但放养要选择在晴天进行，这样可使投放的鱼种尽早适应池塘中的环境，尽早开食，尽快地进入生长期。

三、要投放规格适中、质量高的鱼种

俗话说"种好鱼满塘",要想获得养殖鱼塘的高产、优质、高效,就必须放肉质肥满、结实、体形正常、鳞片完整、体表光滑、体色和眼睛明亮、拿在手中跳动剧烈、在水中顶游能力强的优质鱼种。一般当年养成商品鱼的鱼种投放规格为17cm/尾以上,个体重量控制在鲢鳙鱼50g/尾、鲤鱼100g/尾、草鱼100g/尾以上。如果是投放鱼种时间晚或要养成的商品鱼规格大,就要投放规格再大一些的鱼种。为增强鱼种的抗病力,对选择好的下塘鱼种要进行一次鱼体消毒,消毒方法是:先在需投放鱼种的池塘内放一木桶,里面注入2mg/kg漂白粉或10mg/kg高锰酸钾溶液,把所要投放的鱼种分批在药液中浸浴3~5分钟后再放入池水中,浸浴时如遇到鱼种急游、狂跳,则说明鱼种不适应药液的浓度,这时要立即把鱼种放入塘中,以免发生死鱼事故。

四、要合理搭配投放鱼种

为充分利用水体和饲料,提高池塘鱼产量,根据不同的养殖鱼类的食性和生活习性,要合理搭配投放鱼种,一般的搭配原则为:肥水养鱼塘以投放鲢鳙鱼为主,其混合搭配比例为:鲢鱼55%~60%、鳙鱼15%、草鱼10%,鲤鱼、鲫鱼、鳊鲂鱼等占20%~25%。水瘦而饲料充足的,如青饲料充足,应以草鱼为主,其搭配比例为:草鱼45%~50%、鲢鱼20%、鳙鱼为5%~10%,鲤鱼、鲫鱼、鳊鲂鱼等占5%~10%;如全价饲料供应充足,应以鲤、鲫鱼等吃食性鱼类养殖为主,其搭配比例为:鲤鱼或鲫鱼等80%,鲢鱼、鳙鱼占20%,这样整个水体都能被充分利用,水体中的各种饲料也能循环利用,以提高养殖效果。

五、要合理确定投放鱼种的投放量

"密养"与"混养"密切相关，只有在实现多品种混养的基础上，才能提高池塘的放养密度，发挥出池塘的生产潜力，如果混养种类少或单养一个品种的鱼是很难收到这种效果的。养殖中实行大小规格鱼种套养，增加小规格鱼种的投放量，尽量提高放养密度，既不影响成鱼养殖，又能解决大规格鱼种的来源，能有效地提高鱼产量，增加养殖的效益。

六、加强日常管理

搞好春季鱼种投放一定要加强日常管理工作，鱼塘日常管理要从以下几个方面着手：一是要坚持每天早中晚3次巡塘，到池塘查看水质，观察水环境的变化和鱼种适应环境的情况，以便发现问题及时处理。二是要管理好水质，定期向池塘注入新水，调节池水的透明度、溶解氧、pH值等，为鱼类创造好的生活环境。三是要严格按照养殖技术规程进行操作。四是搞好鱼病预防。春季是鱼病的高发期，在投放鱼种的过程中，做好鱼病的防治更为重要。

第四节 水产养殖的春季管理和鱼病防治技术

随着春季的到来，气温、水温逐渐回升，水产养殖动物进入了正常的生长时期。一般说来，越冬水产动物经过长时间的低温生存与适应，其体力消耗、抗环境变异能力降到极限，与此相反，细菌、病毒和寄生虫等却随着温度的升高而大量繁殖，此时，如不及时预防与治疗，容易引发各种疾病的流行，造成养殖动物发病甚至死亡，给养殖户造成经济损失。因此，在春季对养殖池塘的管理工作不可忽视。

一、春季管理

经过一个越冬期，养殖池塘水质一般有水质老化、水体下层缺氧等特点，因此，春季的管理，应主要抓好水质管理、饲料投喂管理、防病防缺氧管理几项要点。具体措施有如下几方面。

（一）控制池水深度

采取分期注水措施，即不要 1 次灌满水，应该由浅至深逐步加入，以利提高水温，促进养殖动物快速生长，一般 10 ~ 15 天加水 1 次。早春鱼池水深控制在 1m 以内，晚春池水加深到 1.5m左右；虾、蟹养殖水面水深应由 0.6m 加深到 1m，室外养鳖池应换去大部分池塘老水，早春水深掌握在 0.5m 左右，晚春以后逐步加深到养殖的正常水位。

（二）早开食

当水温一升到 10℃ 以上时，一般的水产养殖动物已开始摄食，摄食量随水温的升高而逐渐增大。此时应及早开食，投喂新鲜质优的饲料，保障其能提早开食，促进体质的恢复。饲料中添加水产用多维等，可增强抗病力，及时促进生长，提高养殖产量、效益。

（三）加强巡塘

春季常出现阴雨天气，气压较低，水体易缺氧，此时水质管理的要点是，加强巡塘，注意鱼塘有无浮头现象出现，若出现浮头现象，应及时开启增氧机增氧，浮头现象严重时结合抛撒增氧剂；及时对鱼塘更换、加注新鲜水；视鱼塘底质恶化情况，使用底净宁或施用微生物制剂改良水质，保持鱼塘良好的水质环境。

（四）防病治病

掌握无病先防、有病早治、防重于治的原则，尽量避免鱼病发生，保障健康生长。在春季，鱼类容易患水霉病、细菌性烂鳃病、肠炎病、小瓜虫病、斜管虫病等，虾、蟹的常见病有黑鳃病、烂肢病、甲壳病和纤毛虫病、蟹奴病等，鳖的常见病有腐皮病、红脖子病、赤斑病、腮腺炎和累枝虫病等。春季要及早采取预防措施，把疾病控制在初始阶段。同时，要防止鸟类、鼠类、水蛇等自然敌害对于养殖动物的危害。

二、放养苗种时的注意事项

（一）苗种运输

异地运输成为淡水养殖生产的重要环节。运输要安全、高效，应保证和提高运输成活率。运输苗种时应注意运输前制定周密的运输计划，准备好装卸、起运、消毒工具和药物。运输密度要根据放养的种类、规格、水温、水质、运输单间、运输方法和供氧设备等综合确定。宜选择气温较低的晴天运输苗种，起运前对苗种应停喂。

（二）水塘管理

苗种下塘前，水源充足的池塘可以先放水干塘，挖去多余的淤泥，保持 10～15cm 淤泥即可，铲除塘边四周杂草，堵塞漏洞，改浅水为深水（2～3m），增加蓄水量，扩大苗种投放数量，提高抗御自然灾害能力，为养殖高产创造一个良好的自然生态环境。清水塘注回水的和不能放水的池塘要用药物清塘消毒，杀灭敌害生物和病原体。常用的药物地生石灰、漂白粉和茶饼。生石灰的作用是改良底质和水质，中和酸性，提高 pH 值；漂白粉杀灭病原体，消除过量的浮游生物，也有改良水质的作用；而茶饼则清除野杂鱼。鱼种下塘前应先检查清塘后药效是否已过，早春水温低、毒性消失慢，应提前取水放实验鱼测试。

（三）温度管理

下塘时注意装苗种容器的水与池塘水温差不要过大，特别是小规格苗种，容易造成死亡。早春水温低，鱼苗规格较小，鱼塘的水不要一次注满，要随着投饵施肥和鱼苗生长、天气变化而逐渐加高水位，一般每半月注水一次，每次加入 10 ~ 15cm，4—5 月一般水位可控制在 80 ~ 100cm。实践证明，对外购苗种实施及时消毒，可有效防止疾病发生。早春温度低，苗种在起运、装卸中难免有创伤，如不及时消毒容易得霉病。

消毒时要注意 3 点。

（1）药物要现配现用。

（2）药物剂量要准确，避免药量不足或用药过量。

（3）浸洗时间要适当，发现鱼种有忍耐不住现象时，应立即加水或放入塘内。

三、春季常见鱼病防治技术

（一）水霉病

1. 病原和症状

该病是由霉菌感染引起的。主要症状是伤口上有白色的棉絮状的菌丝。

2. 预防

①鱼池内要用生石灰清塘消毒。②在捕捞运输和放养时尽量避免鱼体受伤，同时合理放养也是防止少生水霉病的重要措施。③苗种放养时必须用食盐或高锰酸钾浸洗消毒，发生寄生虫病要及时治疗。

3. 治疗

①用 0.4 ~ 0.5g/m³ 食盐与小苏打合剂全池泼洒。②每亩用 2.5 ~ 5kg 菖蒲和 0.5 ~ 1kg 食盐捣烂洗汁，加入 5 ~ 20kg 人尿，全池遍洒。③每亩水面（水深 1m）用胡麻秆 10kg，扎成数捆，放在池塘向阳浅水处沤水。

（二）烂鳃病

1. 病原和症状

①由柱状嗜纤维菌引起的细菌性烂鳃病，一般由鱼体与病原

菌直接接触而引起。病鱼体色发黑，鳃盖内表面皮肤充血发炎，中间部分常糜烂成一圆形透明的小窗。鳃丝肿胀，黏液增多，末端缺损。②由真菌引起的鳃霉病，病鱼鳃部呈苍白色，有时有点状充血或出血现象。此病常使鱼暴发性死亡，镜检会发现鳃霉菌丝。③由寄生虫引起的鳃病中，原生动物引起的一般使鱼的鳃部产生大量的黏液，严重影响鱼的呼吸，因此，浮头时间较长，严重时体色发黑，离群独游，漂浮水面；黏孢子虫引起的鳃病一般在鳃的表皮组织里有许多白色的点状或块状胞囊，肉眼容易看到；指环虫引起的鳃病显著浮肿，鳃盖微张开，黏液增多，鳃丝呈暗灰色，镜检可见长形虫体蠕动；中华鳋引起的鳃病，鳃丝末端肿大发白，寄生许多虫体，并挂有蛆状虫体。

2. 预防

①鱼池内要用生石灰清塘消毒。②在发病季节，每月全池遍洒生石灰 1～2 次。③鱼种分养时，用 10% 乌桕叶煎液浸洗鱼体 5～10 分钟，可有效地预防细菌性烂鳃病。④发病季节，定期用乌桕叶扎成数小捆，放在池中沤水，隔天翻动一次，可预防该病发生。

3. 治疗

（1）细菌及真菌性烂鳃病用富氯或二溴海因 $0.3g/m^3$ 全池泼洒，重症隔日再用一次；同时配合用大蒜，每 100kg 鱼用大蒜 $0.5～1kg$（加入 0.5kg 食盐）拌饵投喂，6 天为一疗程。或五倍子磨碎，用开水浸泡后全池遍洒，用量为 $2～4g/m^3$。或干乌桕叶每 kg 用 20kg 2% 生石灰浸泡 12 小时后再煮沸 10 分钟，以 $2.5～3.5g/m^3$ 的浓度全池遍洒；每万尾鱼种或 100kg 鱼，取乌桕叶干粉 0.25kg 或鲜叶 0.5kg，煮汁拌饵喂鱼，每天喂 2 次，3～5 天为一疗程，病愈为止。

（2）寄生虫引起的烂鳃病用强效杀虫灵或菌虫杀手泼洒，其浓度为 $0.01～0.02g/m^3$。或晶体敌百虫 $0.5～0.8g$，放在 10kg

水中，浸洗病鱼 10~15 分钟；也可以选用晶体敌百虫 0.2g、硫酸铜 0.2g、硫酸亚铁 0.2g，混合放入 10kg 水中，浸洗病鱼 10~15 分钟。或选用晶体敌百虫 0.2~0.3g/m³ 溶于水中，全池泼洒，每周用药 1~2 次，可有效杀死水中的寄生虫。

（三）肠炎病

1. 病原和症状

该病的病原体为肠形点状气单胞菌，也为条件致病菌。当水体环境恶化、投喂变质饲料或不正常投饲时易引起此病。病鱼一般腹部膨大且有红斑，肛门红肿，轻压腹部即有黄色黏液从肛门流出。剖解肠道内无食物、有淡黄色黏液。

2. 预防

①彻底清塘消毒，保持水质清洁。②投喂新鲜饲料，不喂变质饲料，是预防此病的关键。③鱼种放养时，用 10g/m³ 漂白粉，浸洗 0.5 小时。④在发病在发病季节内，每隔半个月，用漂白粉或生石灰在食场周围泼洒消毒。

3. 治疗

（1）每 100kg 鱼或 1 万尾鱼种用地锦干草或铁苋菜干草或辣蓼干草 500g（若用鲜草，应为干重的 4~5 倍），加水 8~10 倍煮沸 2 小时，取出药汁拌在切短的嫩草上或拌饵投喂。连喂 3 天为一疗程。

（2）每亩水面（水深 1m）用鲜丁香 50kg、苦楝树叶 35kg，扎成数捆投入塘内，隔日后注入新水，使浸出的药汁遍及全池。

（3）每 100kg 鱼或 1 万尾鱼种用铁苋菜 500~800g、水辣蓼 400g、马齿苋 200g、炒焦米粉 50g，加水 7kg 煎成药液 3kg，拌饵投喂，连喂 2~3 天。

（4）每 100kg 鱼或 1 万尾鱼种喂大蒜头 500g 加 250g 食盐捣烂，拌饵投喂，连喂 3~6 天。

（5）每 100kg 鱼或 1 万鱼种用鲜地榆草 2.5kg（干草

0.5kg)，捣碎后与 3kg 干稻谷混合，再加水 4～6kg 在锅中煎煮，煮干后将稻谷和药渣投喂，每天一次，连续 4 天为一疗程。

（四）暴发性出血病

1. 病原和症状

该病又称细菌性败血症，是春季危害最大的一种传染性细菌病。该病主要由嗜水气单胞菌及温和气单胞菌两种病原菌引起。主要危害对象为草鱼、鲫鱼、鲤鱼及花白鲢等常规品种。该病发病急、传染快，且死亡率高、损失大。一旦发病即难以控制，且病情反复的情况比较多。发病后的鱼体表充血，肛门红肿，腹部膨大，腹腔内积有大量的腹水并有溶血现象；肠道内无食物，却有很多黏液。病鱼有时伴有眼球突出、鳞片竖起、鳃丝末端腐烂等现象。

2. 预防

彻底清塘，及时清除池塘中多年淤积的底泥。鱼种下池前用 1%～2% 食盐水或 10mg/kg 左右的高锰酸钾药浴 5～10 分钟。每隔半个月用生石灰、光合细菌、EM 原露等交替使用进行水体消毒。

3. 治疗

首先，应诊断是否有寄生虫寄生，如有，应采用有效药物杀灭寄生虫，随后用三溴海因 0.2g/m^3 或溴氯海因 0.3g/m^3 进行水体消毒；其次，可用光合细菌 5mL/m^3 或 EM 原露 300～500mL/亩或鱼必得 2g/m^3 改善水质环境，如检测水体中亚硝酸盐含量过高，应及时泼洒亚硝酸盐降解剂 0.8g/m^3，同时投喂药饵，每千克饲料中添加生物活性添加剂 1.5g，连续投喂 5 天，如病情较重，应隔 2 天再投喂 3 天药饵即可。

第五节　精养池塘水质调控关键技术

精养池塘由于放养密度过高，投饵量大，大量的残饵、粪便、排泄物扩散于水中和沉积于池底，特别是夏季水温较高，常常导致水体的溶解氧、pH 值变化，水体氨氮、亚硝酸盐、硫化氢含量上升，水体透明度下降，有机物大量积累以及藻类组成的变动，致使水质整体恶化，病原滋生，造成夏季鱼病暴发死亡的高峰。为此，只有了解精养池塘中主要水质指标及水色与养殖鱼类的关系，调控好精养池塘水质，才能提高养殖动物的生长速度，减少疾病，实现高产、优质、高效的目的。

一、精养池塘中溶解氧与养殖动物的关系

溶解氧是鱼类赖以生存的必要条件，而水中溶解氧的多寡对鱼类饲料利用率和生长均有很大影响。溶氧量 5mg/L 以上鱼类摄食正常，当溶氧量降为 4mg/L 时其摄食量下降 13%，而当溶氧量下降到 2mg/L 时其摄食量下降 54%，溶氧量 1mg/L 以下时鱼类停止吃食。不但如此，池中溶氧量充足还可以改善鱼类栖息环境，降低氨态氮、亚硝酸态氮、硫化氢等有毒物质的浓度。因此，适宜的溶氧量，对于养殖鱼类生存、生长、提高饲料利用率等至关重要。

（一）精养池塘中溶解氧的产生和消耗因素

池水中溶解氧主要来源是依靠水中浮游植物的光合作用。在精养池中，晴天浮游植物光合作用产生的氧气可以达到精养池的一昼夜溶解氧总吸入的 90.3%，空气中氧气扩散溶入水中的仅占 9.5%。而池水中消耗溶解氧最多的为浮游生物（晚上）、细菌的呼吸和水中有机物的氧化分解，可占到 72.19%，鱼类耗氧占 16.1%，上层过饱和逸出的氧约占 10.4%，底泥耗氧约 0.6%

（存在氧债）。

（二）精养池塘中溶解氧调控技术

水体过瘦时施水肥，培育浮游植物；水体过肥时施用絮凝剂，沉淀悬浮有机物，增加透明度。为保持池水一定量氧气不逸散到大气中，可在晴天午后 1～2 时开增氧机一小时，以便将上层溶解氧送入底层，以补充底层氧气不足，改善底层水质条件；午夜开增氧机至日出，可以有效解决于精养池塘投饵量、排泄量大而引起的水质老化，以及有机物及浮游生物、野杂鱼的夜间耗氧等引起池塘水体过早地处于缺氧状态。

适时换水，加注新水，新水溶氧丰富，抽去老水，可有效降低有毒有害物质。出现浮头时，施用增氧剂。

二、pH 值

精养池塘中 pH 值为 7.5～8.5，pH 值过高或过低对鱼、虾都有直接危害，甚至致死。精养池塘中投饵量、排泄量大，在微生物的作用下，产生大量有机酸，水体 pH 值降低，酸性水中（pH 值低于 6.5）可使鱼虾血液的 pH 值下降，削弱其载氧能力。造成生理缺氧症，尽管水中不缺氧但仍可使鱼虾浮头。pH 值低于 4 或高于 10.5，鱼虾不能存活。另外，pH 值决定着水体的许多化学和生物过程，pH 值高于 8，大量的 NH_4^+ 会转化成有毒的 NH_3；pH 值低于 6，水中 90% 以上的硫化物以 H_2S 的形式存在，增大硫化物的毒性；过高或过低的 pH 值均会使水中微生物活动受到抑制，有机物不易分解。总之，过高或过低的 pH 值均会增大水中有毒物质的毒性，间接地影响鱼、虾的生存和生长。

精养池塘中 pH 值小于 7，可全池泼洒 20mg/L 生石灰，提高 pH 值 0.5 左右。水质偏碱：当 pH 值在 7～8.5 时，适宜于鱼虾生存，当 pH 值大于 9.0 时，可采取措施降低 pH 值，降低 pH 值的最好方法是换水或注入新水。也可全池泼洒醋酸来降低 pH 值，但每亩每次泼洒不得超过1kg，宜采用少量多次的办法。

三、氨（NH_3）

（一）精养池塘中氨（NH_3）与养殖动物的关系

水产养殖中氨氮的主要来源是沉入池底的饲料，鱼排泄物，肥料和动物死亡的遗骸。氨由水产动物排泄物（粪便）和底层有机物经氨化作用而产生。氨对水产动物是种剧毒物质，养殖池中由于有动物排泄物，必定存在氨，养殖密度越大，氨的浓度越高。氨对各种水产养殖动物由于个体和品种差异而安全浓度有所不同，为保证鱼虾的安全，水产养殖（育苗）生产中，应将氨的浓度控制在0.02mg/L以下。鲤科鱼类一般应控制在0.05 ~ 0.1mg/L。当氨氮达到0.05 ~ 0.2mg/L，鱼生长速度就会下降。

氨氮毒性强弱不仅与总氨量有关，且与它存在的形式也有一定关系。离子氨氮NH_4^+不易进入鱼体，毒性也较小，而非离子态的NH_3毒性强，当它通过鳃、皮膜进入鱼体时，不但增加鱼体排除氨氮的负担，且当氨氮在血液中的浓度较高时，鱼血液中pH值相应升高，从而影响鱼体内多种酶的活性。经研究证明，当NH_3在血液中浓度越高，越降低APK（血清碱性磷酸酶）和LSZ（血清溶菌酶）的活力。其活力异常变化，反映了机体代谢功能失常或组织技能损伤，因而导致鱼体不正常反应，表现为行动迟缓、呼吸减弱、丧失平衡能力、侧卧、食欲减退，甚至由于改变了内脏器官的皮膜通透性，渗透调节失调，引起充血，呈现与出血性败血症相似的症状，并影响生长。

（二）精养池塘中氨的调控技术

选用高质量的饲料，尽量减少残饵；使用微生物水质改良剂和沸石粉，对降低氨氮效果显著。光合细菌全池泼洒，使池水浓度为10mg/L，每隔20天左右泼洒一次，效果较好；开动增氧机可将上层溶氧充足的水输入底层，并可散逸氨氮与有毒气体到大气中；加注新水、带入更多氧气；使用增氧剂，如过氧化钙等；用次氯酸钠全池泼洒，使池水浓度为 0.3mg/L；或用 5% 二氧化氯全池泼洒，使池水浓度为 5~10mg/L；一般用沸石 15~20kg/亩，可吸附部分氨氮。

四、亚硝酸盐

（一）精养池塘中亚硝酸盐与养殖动物的关系

精养池塘中亚硝酸盐主要是氨转化成硝酸盐的过程中的中间产物，在这一过程中，一旦硝化过程受阻，亚硝酸盐就会在水体内积累。水产养殖（育苗）生产中，亚硝酸盐含量必须控制在 0.2mg/L 以下。当水中亚硝酸盐达到 0.1mg/L，鱼虾红细胞数量和血红蛋白数量逐渐减少，血液载氧逐渐丧失，会造成鱼虾慢性中毒。此时，鱼虾摄食量降低，鳃组织出现病变，呼吸困难，骚动不安。鱼类长期处于高浓度亚硝酸盐的水中，会发生黄血病或褐血病。亚硝酸盐在水产养殖中是诱发暴发性疾病的重要的环境因子。

（二）夏季精养池塘中亚硝酸盐的调控技术

定期换注新水；保持精养池塘长期不缺氧；定期使用水质改良剂 EM 复合菌、光合细菌等水质调节剂。

五、硫化氢

（一）精养池塘中硫化氢与养殖动物的关系

精养池塘中硫化氢主要来源于养殖池底中的硫酸盐还原菌在厌氧条件下分解硫酸盐和异养菌分解残饵或粪便中的有机硫化物。水产养殖（特别是育苗）生产中，水体中硫化氢的浓度应该严格地控制在 0.1mg/L 以下。当水中的硫化氢浓度升高时，鱼虾的生长速度、体力和抗病能力都会减弱，严重时会损坏鱼虾的中枢神经。硫化氢与鱼虾血液中的铁离子结合使血红蛋白减少，降低血液载氧能力，导致鱼虾呼吸困难，造成鱼虾中毒死亡。硫化氢对于水产动物是种剧毒物质。大约 0.5mg/L 的硫化氢可使健康鱼急性中毒死亡。等量的硫化氢，pH 值越低，毒性越大。按硫化氢的电离常数，当 pH 值为 9，约有 99% 的硫化氢以 H_2S 形式存在，毒性小；当 pH 值为 5，则有 99% 的硫化氢以 HS^- 的形式存在，毒性很大。

（二）精养池塘中硫化氢的调控技术

充分增氧，高溶解氧可氧化消耗硫化氢，并可控制硫酸盐还原菌的生长与繁衍。通过泼洒高效增氧剂，加开增氧机可达到增氧的目的。

控制 pH 值：pH 值越低，发生硫化氢中毒的机会越大。一般控制在 7.8~8.5，如果过低，可用生石灰提高 pH 值，但应注意水中氨氮的浓度，以防引起氨氮中毒。

经常换水：使池水有机污染物浓度降低，同时向新水中添加 Fe、Mn 等金属离子能沉淀水中的硫化氢。

干塘后彻底清除池底淤泥，如不能清除，应将底泥翻耕暴晒，以促使硫化氢及其他硫化物氧化；合理投饵，尽量减少池内残饵量，定期施用浓缩光合细菌等。

六、水色变化与水质调节

（一）精养池塘中水色与养殖动物的关系

精养池塘中水色是水体理化因子的综合反映，它与水中浮游生物的种类和数量有密切关系，不同水色是浮游生物特别是浮游植物的多少及大致种群组成的反映，养殖生产中通常以水的颜色和透明度的大小来衡量池水水色的好坏，良好的水色应是黄褐色、黄绿色，清爽而亮泽，硅藻和绿藻同时成为池中的优势种群，悬浮有机物较少。藻类的生物量适中，透明度 25~30cm 为宜。

藻类在精养池塘的作用主要表现：精养池塘溶氧的主要来源是藻类光合作用产生的；藻类光合作用的过程中，大量吸收水中的氨氮、二氧化碳及其他无机营养盐类，促进物质循环，净化改善水质。

（二）精养池塘中不同水色及调控技术

水色呈黑褐色带混浊主要是池中腐殖质过多，腐败分解过快所引起。具体调控技术是先适量换水，然后对水体进行消毒。3天后施用适当的微生物制剂，改变池塘中原有的微生物类群，通过有益异养型细菌和硝化细菌的作用，分解水中过多的有机物，降低氨氮的含量。

水面出现棕红色或油绿色的浮沫或粒状物一般是蓝绿藻大量繁殖所致，而蓝绿藻类又大多不能被鱼类作为饵料利用，反而消耗养料，拖瘦水质，抑制可消化藻类的繁殖，影响鱼类的生长。具体调控技术是先用消毒剂、杀虫剂等杀灭蓝绿藻，然后用生石灰、沸石粉等处理死亡藻体；适量换水后使用水肥及微生物制剂重新肥水。

水面有浮膜（俗称"油皮"）主要是水体中生物死亡腐败后的脂肪体，黏附尘埃或污物后形成的，多呈灰黑色，鱼吞食后，不利于消化；同时浮膜覆盖水面也影响了氧气溶于水中。具体调控技术是先在浮膜上撒草木灰，用网捞出浮膜和草木灰，然后排出上层水，注入肥水，最后施1 500～2 000g/亩过磷酸钙，连用2次。

水面上常有气泡上泛，水色逐渐转变，池水发涩带腥臭主要是腐殖质分解过程中产生的碳酸、硫化氢、氨氮、沼气造成，这些气体都具有毒性，对水产养殖动物有一定的危害。具体调控技术是首先适当延长增氧机开动时间，充分通气，排出底层水20～30cm后加注肥水，施用光合细菌等微生态制剂加以改善水质。

第四章　农作物高产栽培配套技术

第一节　农作物种子经营管理基础知识

一、种子在农业生产中的地位和作用

"民以食为天，农以种为先"，可见粮食问题至关重要，究其根源是种子问题，农业的基础在于种植业，种植业的延续与发展依赖于种子。"科技兴农，良种先行"，种子是种植业最基本的、不可取代的生产资料，"春种一粒粟，秋收万颗籽"，形象地描述了种子与农业生产的关系，首先先了解什么是种子。

（一）种子的类别

现在农业生产上常用的播种材料多种多样，但大体上可归纳为以下3类。

1. 真正的种子

指植物学上所称的种子，由胚珠发育而成。如豆类、棉花、烟草、蓖麻、芝麻、油菜、白菜、茄子、番茄、辣椒、茶、梨、苹果种子等。

2. 类似种子的果实

这一类种子在植物学上称为果实，即由子房发育成的繁殖器官。如小麦、大麦、荞麦、燕麦、玉米、水稻、高粱、谷子、大麻、向日葵、草莓、胡萝卜、芹菜、菠菜、枣、桃、李、杏、杨梅等的种子。

3. 营养器官

主要包括根、茎类作物的无性繁殖器官。如常见的甘薯和山药的块根、马铃薯的块茎、芋艿（俗称芋头）的球茎、洋葱和大蒜的鳞茎、藕和竹的地下茎、甘蔗的地上茎、茶的芽等。

（二）种子在农业生产中的地位和作用

具体来说主要表现在以下几个方面。

第一，种子是种植业赖以延续的基础。在长期的生产实践中，人们创造了选种技术，选出了大量的优良品种，配组了现代农业生产上大量使用的杂交品种。它们是人类文明的宝贵财产，正是依靠它们，各种种植活动才能年年复始地得以进行。

第二，种子是增产的内因。在农业生产中施肥、灌水、田间管理等增产措施，都必须通过良种才能发挥作用。除种子外，各种增产措施的运用总有一定的局限性。如施肥量、灌水次数与数量、农药的喷洒、耕整的遍数等都是有限量的。唯独品种改良的增产潜力几乎可以说是无穷尽的。21世纪30～50年代，美国依靠推广杂交玉米种，使玉米单产迅速提高，总产量达到世界玉米的50%；墨西哥育成矮秆高产小麦品种后，在30年内，小麦产量提高了394%；杂交水稻的推广使现在水稻产量平均每亩提高几百千克，"紧凑型"玉米开创了单季作物产量过吨的新纪元。实施种子工程已列入中国国民经济和社会发展计划以及2015年远景目标。按照国家"种子工程总体规划"，良种在农业增长中的贡献份额已从"八五"期末（1996—2005）的29%上升到38%左右。2006—2010年，促进常规作物商品供种率由30%提高到45%，其中优势农产品产业带达到60%；新建杂交作物种子繁育基地的种子供应量可以满足260万公顷大田生产用种，占杂交作物种子需求量的7%左右；棉花种子商品供种率可由73.8%提高到80%。

第三，种子是提高农产品品质的关键。随着市场经济的发展及人民生活水平的提高，人们对各种农产品的品质要求越来越高。栽培技术、环境条件都是影响品质的重要因素，但提高品质，最关键的措施还在于采用优质的品种。当前广大育种工作者越来越注重专用品种的选育，如鲜食玉米、饲料玉米、优质水稻、高油、高蛋白大豆、面包专用粉小麦等，更进一步满足了不同消费者对品质的需求。

第四，优良的种子可有效地提高作物的抗逆性。农业生产中经常遇到不利的环境条件，如旱、涝、低温、盐碱、病虫害等。通过品种选育，如抗盐筛选、抗病育种、抗虫育种等，可有效地提高作物对不良环境的适应性及抵抗能力，实现农业生产的高产、稳产。

种子的生产与利用是伴随农业生产的出现与发展同步进行的，随着近代遗传学与育种技术的发展，种子的生产加工经营才成为农业中的一项独立产业。实现种子生产专业化，经营企业化，管理规范化，育繁销一体化，生产用种商品化是种子产业发展的既定目标、长期目标，依托种子产业，增加农民收入，已成为许多地方发展农村经济的一条重要途径。

二、种子的有关概念

（一）品种的概念

讲到种子，人们常用品种的概念，用它进行农业生产，不仅能在产量和品质上满足人们的需求，而且植株间具有较高的一致性，不能杂乱不齐，或者今年种一个样，明年种又一个样。

1. 农作物品种

是指人类在一定的生态和经济条件下，根据自己的需要而培育的具有相对稳定的遗传性和生物学、形态学上的相对一致性，适应一定的自然和栽培条件，有一定的经济价值的某种作物的一种群体。种子在植物学和农业生产上是不同的。植物学上的种子是指从胚球发育而成的繁殖器官。而农业生产中的种子，是指一切可以被用作播种材料的植物器官。不论植物的哪种器官或营养体的哪一部分，也不论它的形态构造是简单还是复杂，只要能繁殖后代或用来扩大再生产，统称为种子。在一般情况下，所讲的种子多是指农业生产上所用的各种农作物的播种材料。除小麦、水稻、玉米种子等一般意义上的种子外，它还包括无性繁殖作物的营养器官，如马铃薯的块茎、大葱、大蒜的鳞茎、甘薯、山药的块根、苹果、桃树等果树的树苗等；在食用菌生产中，人们以真菌孢子作播种材料，称"菌种"。无论以植物体的哪一部分作播种材料，它们均能够把品种所具有的全部生物学特性和优良的经济学性状原原本本地遗传给后代。

2. 优良品种

是指能够比较充分利用自然、栽培环境中的有利条件，避免或减少不利因素的影响，并能有效解决生产中的一些特殊问题，表现为高产、稳产、优质、低消耗、抗逆性强、适应性好，在生产上有其推广利用价值能获得较高的经济效益，因而深受群众欢迎的品种。优良品种是一个相对的概念。也就是说，品种的优良只能在一定的自然环境和栽培条件下表现出来的，超过一定范围就不一定表现优良。当地的优良品种到外地不一定能够适应，外地的优良品种到本地也不一定能够增产；过去的优良品种现在不一定优良，现在的优良品种将来也会被逐步淘汰。因此，不存在永恒不变的"优良品种"。

（二）品种的分类

进行新品种选育一般有引种、选种、常规杂交育种、杂交优势育种、诱变育种等几种方法。依据品种来源及选育方法不同，可把品种分为以下几类。

1. 农家品种

农家品种是在一定的自然条件和农业生产条件下，经长期人工选择和自然选择形成的，对当地自然条件有较强的适应性。它在生产上稳产性较好，但多数产量一般，目前，大面积生产中应用较少，仅有些零星种植或在某些小品种作物上栽培较多。

2. 引入品种

它是指从外地区和外国直接引进的作物新品种，引入品种只有通过适应性试验，才能在本地区或本国推广种植，引种时不仅可引入现有作物的优良品种，而且还能够引入新的作物种类，如绿菜花、荷兰豆等不少特菜，均是来源于国外的引入品种。

3. 常规品种

它是按照一定的育种目标，通过选种或人工杂交重组育成的定型品种，一般具有比较突出的抗逆性、丰产稳定性、产品优质性和适宜的熟性等。和农家品种比较，具有更大的生产利用价值。目前，生产中所用的豆类、小麦品种绝大部分都是这类品种。

4. 杂交种

杂交种是指不同品种和自交系间杂交后的子一代，所以，又称作一代杂交种。虽然杂交种各植株间的遗传基因型是相同的，也有较好的整齐性，但它们的基因均是杂合型，第二年用其作种子（杂二代），会发生基因分离，整齐度下降，经济学性状也严重变劣，即杂交种不可以自己留种，必须利用固定的亲本年年为生产配制一代杂交种。杂交种由于利用了杂交优势，其产量常超过常规品种，目前，生产中绝大多数的玉米、高粱种子、大部分水稻品种及多数蔬菜品种均是杂交种。自花授粉的大豆、菜豆、芸豆等豆科作物，目前，大面积繁殖杂交种的途径仍没有找到，或成本太高，生产中还没有这类作物的杂交种。

5. 营养繁殖系品种

它是指自花授粉或异花授粉作物，通过选择某一部分营养器官，扩大繁殖所育成的品种，如马铃薯、甘薯、大多数果树均是营养繁殖系品种。

在种子繁殖中，按照种子的来源及质量等级又可将种子划分为以下 3 种类型。

（1）育种家种子（俗称原原种）。育种家育成的遗传性状稳定的品种或亲本的最初一批种子。

（2）原种。指用育种家种子繁殖的第一代至第三代，经确认达到规定质量要求的种子。

（3）大田用种。用原种繁殖的第一代至第三代或杂交种，经确认达到规定质量要求的种子。

（三）品种的性状

生产中有成千上万个品种，靠什么区分不同的品种，靠的是品种的性状。作为一个品种，它的性状主要包括以下几个方面。

1. 产量

产量可说是最重要的品种性状，一个优良的品种，首先要有较高的产量，产量是一个综合性状，如玉米的产量性状分为：亩穗数、穗粒数、千粒重等，大豆的产量性状是：亩株数、单株荚数、荚粒数和粒重，一些多次采收的蔬菜品种，如辣椒、番茄等，其产量因素除可分为亩株数、单株果数、单果重外，也可以按前期产量、中后期产量来划分，选择一个品种，首先要选择高产品种，有时还要考虑产量的分解性状，如进行早春栽培的蔬菜要选择前期产量高的品种，而延秋晚栽培的要选择总产较高的品种。

2. 品质

农业生产要求高产的同时，也要求产品有较高的品质，优质高效是农业发展的方向。农产品品质的内容是多方面的，营养丰富是内在的品质；水果、蔬菜还要有优良的商品性状，这包括外形、色泽、大小、整齐度等；产品品质还因生产目的不同而有不同的要求，如油用大豆对含油量要求较高，做豆腐要求蛋白质含量高等。

3. 熟性

熟性是指一个品种从播种到采收所需的天数，一般可把品种分为早熟、中熟、晚熟 3 种类型。选用什么品种要依各地的气候条件、茬口安排、栽培方式而定，一般地说，作物的产量和熟性往往有正相关关系，生育期越长，产量越高；若气候和茬口安排允许，尽可能的选一些晚熟品种能提高作物产量，但是若选择过分晚熟的品种，不能在适宜的生长季节完成整个生育期，反而会造成减产。当然，一个品种的生育期并不是绝对不变的，栽培技术，气候条件不同，生育期常常会随着变化，如短日照作物大豆，当从南方引种到北方时，生育期会有所延长，从北方引到南方，生育期则会缩短。

4. 适应性

每个品种都只能适应一定的自然条件和栽培条件。各地要依据各地的不同情况选用品种，如干旱地区要选用耐旱品种，降雨较多的地区要选择耐涝，盐碱地区要选用耐盐品种。除不利的气候及土壤条件外，病虫害是农业生产的大敌。为防治病虫害每年都要使用大量的杀虫剂、杀菌剂，费工费时，还可能造成粮食蔬菜的农药污染及生态环境的破坏。在防治病虫害的所有措施中，采用抗病品种，无疑是最经济有效、简单易行的一条途径。对一个品种来说，它对各种不良条件的抵抗性越强，那么它适宜推广的地区就越广，遇到不利年景的稳产性也越强。

上面所讲的是一些共性的东西，不同的作物还有自己特有的一些性状特征，如玉米籽粒有硬粒型、马齿型、糯质型、甜质型、爆裂型等多种类型；大豆在结荚习性上有有限结荚和无限结荚两个类型；番茄果实有红果、粉果、黄果之分。这些性状有的具有经济价值，可作为选择品种的依据，有的没有任何经济价值，只是作为区分品种的一个标志。

（四）种子质量

任何一个农作物良种，必须包括优良品种和优良种子两方面的含义。优良品种即是指品种的经济学性状优良，如适应性广、高产、营养丰富、抗病等；优良种子则是指种子的纯度高，不带病虫害，净度、发芽率等播种品质优良。

1. 纯度

纯度是指在供检样品中，本品种的种子占供检样品的百分率。所谓纯的种子，主要是指播种后能长出比较一致的庄稼，而且保持原品种特性，这里主要指与产量和产品品质紧密相关的经济性状的一致。如小麦、玉米等品种主要在株型、穗粒、抗倒、抗旱、抗病、耐肥、产量和生育期等方面一致，大豆则要在株型、分枝性、抗旱、需肥、抗病、生育期、产量和种子大小、色泽、粒型等方面的一致。纯度是种子质量最重要的质量指标，据测定：在规定纯度等级内，玉米杂交种纯度每下降1%，每亩减产9.1kg。纯度检验的方法有形态鉴定、理化鉴定、凝胶电泳法鉴定、DNA分子标记鉴定、种苗形态鉴定和种植鉴定等多种方法。

2. 净度

净度是指种子每批或检验样品中，去掉杂质后剩下本作物好种子的重量占样品总重量的百分数。净度和发芽率是确定播种量的重要依据，净度低的种子，不仅利用率低，而且会影响播种的均匀性，导致缺苗断垄，影响产量。检验净度所说的杂质包括腐烂变质、破碎、无胚、过瘪、种皮完全脱落的种子，杂草种子，其他植物的种子，泥土、石块、根、茎、叶、虫子，鼠鸟粪便等所有其他非种子物质。

3. 水分

水分是指种子内自由水和束缚水的重量占种子原始重量的百分率。是保证贮藏的重要依据数据。

4. 发芽率与生活力

发芽率是指在发芽试验中，在规定的条件和时间内长成的正常幼苗数占供检种子数的百分率。生活力是指种子发芽的潜在能力或种胚具有的生命力。有时种子处于休眠期，不能做发芽试验，或者急需了解种子的发芽能力，而发芽试验大部分农作物种子都需要 7 天以上的计数时间，这时可进行种子生活力测定。常用的测定方法是四唑染色法，红墨水染色法等。

5. 活力

活力是指在广泛的自然环境条件下能迅速发芽，出苗整齐并具有能成长为正常植株的潜在能力和健壮状态。有的种子虽在发芽率测定中能够发芽，但田间播种时却不能正常出苗，即种子的活力较低。

6. 种子利用年限

存放时间本身并不是种子质量的一个指标，它只是影响种子质量的重要因素，种子寿命与贮藏条件有密切的关系，一般干燥、低温条件下，种子的寿命较长。高温、潮湿环境下种子的利用年限变短。不同作物的种子寿命差异很大，如有的莲藕种子在地下埋藏了千年以上仍能够发芽，但多数农作物的种子寿命多为 1~6 年，这与种子的种皮结构、化学成分、成熟度等因素都有关系。按寿命长短的不同种子可分为以下 3 类。

（1）短寿种子。寿命在 1~2 年，如葱、洋葱、韭菜、芹菜、花生、甘蔗、大蒜等。

（2）中寿种子。寿命一般在 2~4 年，如玉米、高粱、水稻、小麦、大豆、豌豆、菠菜、黄瓜、萝卜、白菜、辣椒等。

（3）长寿种子。寿命一般在 4 年以上，如谷子、绿豆、西瓜、番茄、茄子、甜菜、棉花等。

大多数情况下新种子的质量总优于陈种子，少数作物种子收获后还需要后熟一段时间，如黑籽南瓜第二年的陈籽发芽率往往高于新种子。种子的新陈可靠包装上的标识进行辨别；经验丰富者也可依种子的颜色、光亮、气味几方面进行辨别。不过，种子质量好坏还要以种子质检部门的检验结果为准。

三、种子繁育

优良品种要在生产中推广应用，每年必须保证有大量的良种供给，育种人员提供的常常是少量的原种或亲本种子，这就需要进行种子繁育。种子繁育不仅仅要迅速繁育出大量的要推广的种子，而且必须保证品种的种性和纯度。

（一）品种的混杂退化

在农业生产中，很多种子质量纠纷的原因是品种的混杂退化引起的。品种混杂退化的主要表现是品种的典型性和使用价值下降，具体表现为以下几点。

（1）抗逆力下降，生活力减退，对各种不良条件的适应力变弱。

（2）生长发育不一致，整齐度差。

（3）产量低而不稳，产品品质下降。

品种混杂退化主要包括品种混杂和品种退化两个方面。

（1）品种混杂。品种混杂可分为机械混杂和生物学混杂两种，机械混杂主要指品种繁育时，在种、收、运、脱、晒、藏等作业时，操作不严，使繁育的品种内混进了异品种或异作物的种子。自花受粉作物的品种混杂主要由机械混杂造成。异花受粉作物发生机械混杂后，特别是混进了相互间能够杂交的同作物或异作物种子，又会引起生物学混杂，造成的后果更严重。

生物学混杂主要是指在良种繁育过程中，未将不同品种进行适当隔离，发生了天然杂交，造成品种纯度或典型性以及产量和品质等降低。自花受粉、异花受粉作物均可发生生物学混杂，但异花受粉作物最为普遍。

（2）品种退化。一个优良品种应是一个较为一致的群体，但个体间的一致性均是相对的，个体间总会有些或多或少的差异。繁种时异花受粉的自交系株间相互传粉，自花受粉作物的某些杂合基因型发生分离，都可能会使群体的表现性状变得不一致。各种作物自然情况下，都会发生频率很低的突变，这些突变逐步积累，也可导致品种的经济性状变劣。

品种退化的另一个原因是不正确的繁种方法，在繁种过程中，选择不当往往会加速品种的退化速度；如繁殖杂交种亲本时，由于对亲本系的性状了解不够，常有将性状近似而较大、较壮的杂交苗留下，而把较弱的典型苗去掉。繁种时不良的生长条件与栽培技术也可导致品种退化；水稻在不良的生长和栽培条件下，会出现返祖现象，产生红米；马铃薯在种薯形成期遇高温，病毒病蔓延滋长，会使种薯退化。

（二）常规种繁育

进行常规种繁育，首先要选好种子田，种子田应选择在适于该作物生育的地区，在开花与籽粒成熟期要有适宜的温度和湿度，以免出现受粉和结实障碍，得不到高产而优质的种子。在种子生产田块选择上，要考虑以下几方面。

（1）地势平坦，土壤肥沃，最好灌排条件良好，以求旱涝保收。

（2）杂草较少，无种子传播的病虫害，有些作物还要考虑到鸟害。

（3）进行合理轮作，地上无繁种作物自（落）生植株出现。

为防止生物学混杂，种子生产田通常还对隔离有一定的要求，隔离有时间隔离、空间隔离、自然屏障隔离、高秆作物隔离等多种形式。

（1）时间隔离：是指将制种田与邻近的同作物生产田错期播种，使制种田开花授粉时，生产田的花期已过或尚未开花，达到隔离目的。

（2）自然屏障隔离：利用山岭、森林、村庄、高地等自然屏障，可以达到较好的隔离目的。由于屏障的性质、结构情况十分复杂，很难做出标准化的规定，采用自然屏障隔离只能在实际工作中灵活运用。

（3）高秆作物隔离：利用高粱、麻类等高秆作物，可以对繁种作物有一定的隔离作用。

（4）空间隔离：是应用最多的一种隔离方式，即在繁种田四周一定距离内，设置隔离区，隔离区内不种植能引起繁种作物窜粉的各种作物。

常规种子生产与一般农业生产的不同之处在于：种子田要在苗期、花期、成熟期进行去劣、去杂，并在种子处理、播种、收获、脱粒和贮藏等环节中严防机械混杂。

（三）杂交种的繁育

同常规种繁殖一样，杂交种繁育同样要求做好隔离、去杂、去劣、防机械混杂等方面的工作，并且要求更为严格。除此之外，杂交种繁育还有其特殊要求，这主要表现在花期相遇、行比配置、人工辅助授粉等方面。

制杂交种父、母本花期必须相遇，母本才能得到父本的花粉，生产出所期望的杂交种。当父、母本生育期不一致时，要错期播种，通常还将父本分两期播种，拉长父本散粉时间，确保母本能得到父本的花粉。

在繁制杂交种时，父本行、母本行要有一定的比例关系；确立两者比例的原则是：在保证父本花粉充足供应的前提下，尽量扩大母本行比，以期求得较高的制种产量。

人工辅助授粉：为提高母本结实率，增加制种产量，人工辅助授粉是一条重要措施。人工授粉的方法也多种多样，如拉绳振动花穗、人工放蜂等。

对其他的各种繁育方式，如多数果树林木、甘薯、草莓等的扦插、嫁接繁育；花卉、马铃薯、草莓、甘薯等的组培繁育等就不在此赘述了。

四、种子经营与管理

种子的经营与管理都是种子工作的重要组成部分。两者之间有共同点，都是为发展农业生产服务，这一点是共性。但在工作任务和性质上又有所区别。按照《中华人民共和国种子法》（以下称《种子法》）的规定，种子经营有较强的商业性，其经营机构是企业性。经营机构的设置可不受行政区划的限制，并且既可是公有的，也可以是私有的或公私合营的。而种子管理工作，完全属于行政性，是在国家机关中设置的种子管理机构来行使管理职权，并且上下级之间是一个互相联系和完整的统一体，这个管理系统内部具有相对的稳定性。讲到种子的经营与管理、就要讲种子的合法性以及《种子法》有关规定。

（一）合法种子要具备"四看"

一看市场上出售的种子是否合法，主要看种子的包装袋、种子标签、宣传材料，还要看种子状况。《种子法》第三十五条规定，销售的种子应当附有标签，标签应当标注作物种类、品种名称、种子类别、产地、质量指标、检疫证明编号、种子生产许可证及种子经营许可证编号、生产商名称、生产商地址及联系方式、生产年月等内容，标签上应当标注而没有正确标注的种子，即为不合法种子，不合法种子又分为假种子和劣种子，这类种子是不能上市进行销售的。二看市场上出售的各类种子，必须有品种名称与审定编号，作为加工和销售企业，应当生产、经营经过省、市、自治区或国家审定的品种，并且审定适宜种植区域要包含品种购买者种植所在地点。凡是通过审定的品种，必有审定证书、审定名称与允许使用的审定编号。一些未审先推的种子，从名字上即可判定，所有通过审定的作物品种均可从网上搜索到，而如果搜索不到，就可能会被视为未审定或假冒伪劣种子。三看种子按常规种和杂交种的标注，其中常规种可以不标注。种子生产、经营实行许可制度，即必须持证生产、经营。杂交种子及原种生产许可证、经营许可证，只有省级农业行政主管部门才有权核发。四看生产、经营企业名称，防伪标志，常见违法行为是无证生产、经营种子；未取得种子生产许可证、种子经营许可证或者伪造、变造、买卖、租借种子生产许可证、种子经营许可证；或者未按照种子生产许可证、种子经营许可证的规定生产、经营种子的；按《种子法》第六十条处理。其他常见违法行为是超越有效区域经营，种子经营者在异地设立分支机构未按规定备案、越权委托以及未按规定制作种子经营档案等。

　　无论是销售还是购买种子，都要注意以下几点：一是根据群众地块的面积、自己的需求选择不同的包装规格。二是要买标签齐全的种子。根据《种子法》的有关规定，销售的种子应当加工、包装、附有标签，标签应当标注作物种类、种子类别、品种名称、产地、种子经营许可证编号、质量指标、检疫证明编号、净含量、生产年月、生产商名称、生产商地址以及联系方式等，主要农作物种子还应当加注种子生产许可证编号和品种审定编号。《种子法》这样规定是便于使用者选择。多数种子生产商将标签内容印在包装袋上，购买时要注意查看，尤其是品种的品质是否符合需求，种子生产许可证及种子经营许可证编号、生产商地址及联系方式是否齐全，必要时可通过许可证编号等资讯向农业行政主管部门的种子管理机构核实生产商情况。三是要买质量合格的种子、优质的种子，不可贪图便宜购买不合格的种子。四是要购买合适的种子，尤其要注意是否适宜当地土壤气候条件种植，要注意查看标签中标注的适宜种植区域是否包括本地，主要农作物品种应当是审定通过的品种，新品种首次要少量实验、摸索其栽培技术及品种适应性、来年再大量销售或种植。另外，购买种子后要妥善保存，最好放在冷凉干燥的地方，防止霉烂变质，尤其是别造成发芽率降低。

（二）不能购买的种子

一是散装种子或已打开包装的种子或无证包装的种子；二是标注不全的种子；三是走街串巷、沿街叫卖、来路不明的种子；四是小广告宣传新特优、邮寄的种子。这些都不能购买。

按照《种子法》的规定，种子经营者包括具有种子经营许可证的种子经营企业及其分支机构和代销者、不拆包装种子的零售商。但所有经营者都应办理营业执照。因此，购买种子应当到有固定经营场所的经营者、当地种子公司等单位，最好是选择大型种子公司的分支机构，选择大型种子公司生产的种子。购买种子时要注意核实种子经营者的证照，索要发票等购种票据，购种票据要盖有公章，并要求清楚地标明购买时间、品种名称、数量、等级、价格等重要信息，不要接收个人签名的字据或收条等。

（三）在种子使用过程中出现了问题应当采取的措施

种子使用者在使用过程中，要做到以下几条：一是要按种子经营者提供的的主要栽培措施、使用条件说明使用，要做到良种良法配套，尤其不可随意改变播期和使用生长调节剂，以免因使用不当造成损失。二是要根据土壤墒情等因素合理确定播种量，自己贮存时间较长的种子最好先做一下发芽实验。三是要按规定处理剩余种子，尤其包衣种子要注意防止中毒，不可用作饲料或粮食。四是要妥善保存包装袋、标签、说明和购种票证等物品，以便出现种子质量纠纷时作为证据。那么如果在种子使用中出现问题，根据《种子法》的规定，可通过以下几种途径解决：一是与种子经营者协商；二是请求其他人或有关部门（农业局、工商局、消费者协会等）协商，鉴定；三是向仲裁机构申请仲裁；

四是向人民法院起诉。这里说明一点，就是谁第一个卖给农民种子的，谁就是第一责任人。

田间种植的庄稼出了问题，可能有多方面的原因，除种子质量原因外，气候、病虫害、栽培不当等原因都可能造成问题。因此，出现问题后首先要注意保全证据，弄清原因。向农业种子管理机构、工商局、消费者协会等部门投诉，提交购种票证和种子包装袋等证据，请种子经营者及有关部门进行现场鉴定等。2003年农业部发布了农作物种子质量纠纷田间现场鉴定办法，规定了程序和方法，种子管理部门会根据本办法给出一个科学的结论。同时，为最大限度地减少损失，在保全证据的前提下，要积极采取补种、加强田间管理等补救措施，切不可弃而不管。

（四）因为种子原因给农民造成损失如何赔偿

《种子法》第四十一条规定，种子使用者因种子质量问题遭受损失的，出售种子的经营者应当予以赔偿，赔偿额包括购种价款、有关费用和可得利益损失。经营者赔偿后，属于种子生产者或者其他经营者责任的，经营者有权向生产者或者其他经营者追偿。也就是说，农民因种子质量问题遭受损失后，可直接向销售给其种子的经营者要求赔偿，也可以向标签标注的生产商要求赔偿，以避免索赔无门的情况出现。按照全国人大法律委员会在审议《种子法》时常委会上所作的说明，有关费用是指种子使用者在购买、使用种子过程中所发生的有关费用，包括交通费、保存费等。按照农业部的有关解释，对于一年生的作物，可得利益损失是指当年产值和同种作物前3年平均产值的差额部分，计算前3年的平均产值时产量应以受害人所在乡、镇该种作物的产值为准。

（五）《种子法》的立法宗旨

《种子法》于2000年12月1日起实施。其宗旨是保护和合理利用种质资源，规范品种选育和种子生产、经营、使用行为，维护品种选育者和种子生产者、经营者、使用者的合法权益，提高种子质量水平，推动种子产业化，促进种植业和林业的发展。

根据《种子法》第三条的规定，农作物种子的主管部门是各级农业主管部门，农业部主管全国农作物种子工作；县级以上地方人民政府农业行政主管部门主管本行政区域内农作物种子工作。

一是资源保护制度。它的主要内容是国家依法保护种质资源；国家有计划地收集、整理、鉴定、登记、保存、交流和利用种质资源，定期公布可供利用的种质资源目录；国家对种质资源享有主权，任何单位和个人向境外提供种质资源的，应当经国务院农业、林业行政主管部门批准。

二是品种审定制度。主要内容是主要农作物品种和转基因农作物品种在推广应用前应当通过国家级或者省级审定；应当审定的农作物品种未经审定通过的，不得发布广告，不得经营、推广。国家确定的主要农作物为：水稻、玉米、小麦、棉花、大豆、油菜和马铃薯，各省还确定了 1~2 种主要农作物，目前我国大面积种植的转基因作物是抗虫棉花。

三是新品种保护制度。主要内容是国家对具有新颖性、特异性、一致性和稳定性的植物品种，授予植物新品种权，保护植物新品种权所有人的合法权益。未经品种权人同意，任何人不得以商业目的生产或销售该品种的种子。选育的品种得到推广应用的，育种者依法获得相应的经济利益。

四是种子生产管理制度。主要内容是主要农作物和转基因品种的商品种子生产实行许可制度，种子生产者具有一定的条件，到农业行政主管部门办理许可证；商品种子生产应当执行种子生产技术规程和种子检验、检疫规程；商品种子生产者应当建立种子生产档案。

五是种子经营管理制度。主要内容是种子经营实行许可制度。种子经营者必须先取得种子经营许可证后，方可凭种子经营许可证向工商行政管理机关申请办理或者变更营业执照。种子经营者专门经营不再分装的包装种子的，或者受具有种子经营许可证的种子经营者以书面委托代销其种子的，种子经营者按照经营许可证规定的有效区域设立分支机构的，可以不办理种子经营许可证，但应办理营业执照。种子经营者拥有自主经营权，任何单位和个人不得非法干预。种子经营者应当建立种子经营档案，应当向种子使用者提供种子的简要性状、主要栽培措施、使用条件的说明与有关咨询服务，并对种子质量负责。

销售的种子应当加工、分级、包装，附有标签。标签标注的内容应当与销售的种子相符。

种子广告的内容应当符合本法和有关广告的法律、法规的规定，主要性状描述应当与审定公告一致。调运或者邮寄出县的种子应当附有检疫证书。

六是种子质量管理制度。主要内容是农业行政主管部门负责种子质量监督；种子检验机构和种子检验员要具有一定的条件，经省级以上农业行政主管部门考核合格；实行最低种用标准基础上的真实标签制度，禁止生产经营假、劣种子；由于不可抗力原因，为生产需要必须使用低于国家或者地方规定的种用标准的农作物种子的，应当经用种地县级以上地方人民政府批准。

七是种子进出口审批制度。主要内容是从事商品种子进出口业务的法人和其他组织，应当具有农业部核发的种子经营许可证和外贸部门核发的从事种子进出口贸易的许可；进出口种子必须实施检疫，禁止进出口假、劣种子以及属于国家规定不得进出口的种子。进口商品种子的品质，应当达到国家标准或者行业标准。

（六）违反《种子法》的行为

《种子法》的违反禁止行为、主要包括行政生产、经营许可证、罚款、没收非法财物、责令改正等，其中最高罚款可达违法所得的 10 倍，最严重的是吊销许可证，对于生产经营假劣种子的，一律吊销许可证。刑事责任指构成犯罪的违法行为，如生产经营假劣种子罪、伪造证照罪、玩忽职守罪等，最高刑罚可至无期徒刑。如汝城假种案主犯祝和孝就被判了无期徒刑。按照最高人民法院和最高人民检察院颁布的打假的司法解释，假农药、假种子论罪起点定为 2 万元，生产销售假种子行为造成的后果按照"较大损失"（2 万元为起点）、"重大损失"（以 10 万元为起点）、"特别重大损失"（以 50 万元为起点）的情形予以不同的处罚。民事责任主要规定了侵权的民事责任，包括因种子质量原因给使用者造成损失的和强迫种子使用者违背自己的意愿购买、使用种子给使用者造成损失的，应当承担赔偿责任。

第二节　农作物病虫害调查方法与防治技术

一、小麦病虫

（一）小麦蚜虫

1. 简述

小麦蚜虫俗称蜜虫，是小麦的主要害虫之一。麦蚜的为害主要有直接为害和间接为害。直接为害主要以成、若蚜吸食叶片、茎秆和嫩穗的汁液，截取植株营养。间接为害是指麦蚜能在吸取植株营养的同时，传播小麦病毒病。苗期为害叶片、嫩茎，分流植株营养并传播病毒，严重时造成小麦营养不良。同时，小麦被接种病毒后导致小麦矮化，生长受滞。小麦抽穗后蚜虫集中为害穗部，其分泌蜜露影响光合作用，使千粒重降低造成减产。小麦蚜虫除为害麦类外还为害其他禾本科作物与杂草。

2. 调查方法

根据当地栽培情况，在小麦秋苗期、拔节期、孕穗期、抽穗扬花期、灌浆期进行 5 次普查，同一地区每年调查时间应大致相同。选择有代表性的麦田 10 块以上。每块田单对角线 5 点取样，秋苗期和拔节期每点调查 50 株，孕穗期、抽穗扬花期和灌浆期每点调查 20 株，调查有蚜株数、百株蚜虫量、有翅、无翅蚜比例。预测蚜虫的发生程度和防治适期。

3. 防治指标

苗期 500 头/百株；穗期 800 头/百穗。

4. 防治方法

亩用 24% 抗蚜·吡虫啉可湿性粉剂 20g，或亩用有效成分吡蚜酮 5g，或啶虫脒 2g，或吡虫啉 4g，对水喷雾防治。

（二）小麦红蜘蛛

1. 简述

麦蜘蛛是小麦上常发的一种主要害虫。有麦长腿蜘蛛和麦圆蜘蛛两种。该虫以吸取麦株汁液为主，被害麦叶先呈白斑，后变黄，严重影响小麦叶片的光合作为，轻则影响小麦生长，造成植株矮小，穗少粒轻，重则整株干枯死亡。株苗严重被害后，抗害力显著降低。

2. 调查方法

从小麦返青至抽穗期，每 5 天查一次。调查当天于上午 8 ~ 10 时前或下午 4 ~ 6 时进行。根据当地不同茬口各选有代表性的麦田 3 ~ 5 块，每块田对角线 5 点取样，每点查 33.3cm 单行长，目测计数，调查蜘蛛种类和数量。预测麦蜘蛛的发生程度和防治适期。

3. 防治指标

每 33cm 行长有虫 200 头以上的田块。

4. 防治方法

亩用有效成分联苯菊酯 2g，或马拉硫磷 15g。

（三）小麦吸浆虫

1. 简述

小麦吸浆虫是旱作区小麦上重要害虫之一。小麦吸浆虫以幼虫为害花器及吸食正在灌浆的麦粒汁液，造成秕粒、空壳。以末龄幼虫在土壤中结圆茧越夏或越冬。翌年，当耕层 10cm 处地温高于 10℃ 时，越冬幼虫破茧上升到表土层，10cm 处地温达到 15℃ 左右，再结成长茧化蛹，10cm 地温 20℃ 左右，吸浆虫开始羽化出土，常与小麦抽穗期同步。羽化当天即交配，后把卵产在刚抽穗的小麦粒的护颖、外颖、穗轴及小穗柄等处，初孵幼虫在小麦开花时在内外颖张开之际钻入麦壳中在小麦灌浆吸食麦浆为害。

2. 调查方法

于春季小麦拔节期，根据当地种植茬口（水稻茬除外）各选 3~5 块田，每块田按对角线取土 5 个样方（每样方面积 100cm^2，深度 20cm），将挖取的样方到入桶或盆内，加水拌成泥水状，等泥渣稍加沉淀后即将泥浆水倒入 80 目的罗筛内过滤，然后再把沉有泥渣的盆内加水搅拌再次过滤，依次反复 3~4 次后倒去泥渣。再将箩筛置于清水中震荡滤去泥水，查出休眠圆茧及活动幼虫。用此方法再查出小麦吸浆虫幼虫上升活动情况及发育进度情况，来预测小麦吸浆虫的防治适期。

3. 防治指标

手扒小麦可见 3~5 头吸浆虫或 10 复网 30 头成虫的田块。

4. 防治方法

杀蛹法，在吸浆虫中蛹盛期亩用有效成分啶虫脒 7g，或辛硫磷 80g 拌细土 20kg 均匀撒到麦田，并用绳拉动或用竹竿拍动麦穗，使药入土，杀死虫蛹；药后浇水或抢在雨前施药效果更好。成虫盛期亩用有效成分啶虫脒 9g，或倍硫磷 37.5g，对水喷雾防治。

（四）小麦纹枯病

1. 简述

小麦纹枯病是小麦常发的一种土传真菌病害。植株发病后首先感染叶鞘，在叶鞘上出现椭圆形黄褐色斑块，进入 3 月气温回升，病株上的病菌近一步扩散侵染周边植株，后期病菌将浸染茎秆，阻碍养分对小麦植株的供应。严重的后期茎秆坏死造成小麦形成枯白穗，对产量影响较大，重病田减产达 30% 以上。

2. 调查方法

依据小麦栽培区划和常年发病情况选定若干代表性区域，在各代表性区域内选不同品种、不同茬口、不同播期及不同施肥水平等不同生态类型田 10 块以上。分别在小麦秋苗期、拔节期、扬花期、乳熟期调查。每年普查时间应大致相同。每块田按对角线 5 点取样，每点调查 20 株，记载病株数、侵茎数和病情分级数。预测纹枯病的发生程度与防治适期。

3. 防治指标

病株率 20% 的田块。

4. 防治方法

亩用有效成分井冈·腊芽菌可湿性粉剂（4% + 16 亿个/g）20g，或烯唑醇 6g，或苯甲·丙环唑 6 ~ 9g 或井冈霉素 10g，或丙环唑 10g。防治时适当增加用水量，使药液能流到麦株基部。重病区首次喷雾后 10 天左右再喷一次。遇涝时及时清沟沥水，降低田间湿度，减轻病害发生程度。

（五）小麦白粉病

1. 简述

小麦白粉病是一种气候性真菌病害。该病适发温度为 15 ~ 20℃，低于 10℃ 发病缓慢。相对湿度大于 70% 有可能造成病害流行。该病可侵害小麦植株地上部各器官，但以叶片和叶鞘为主，发病重时颖壳和芒也可受害。初发病时，叶面有白色霉点，后期逐渐扩大为近圆形至椭圆形白色粉状白霉斑，影响叶片的光合作用，严重田块可减产20%左右。

2. 调查方法

依据小麦栽培区划和常年发病情况选代表性区域，在各代表性区域内选当地主栽品种和感病品种的早、中、晚播种麦田调查。每类型田块选5块以上。调查时间：分别在小麦秋苗期、拔节期、孕穗期、乳熟期调查。每块田按对角线5点取样。在零星发生时每点查10m双行或5m²。检查发病株数和叶片发病情况；全田发病时，每点查1m双行或1m²，各点随机抽查100片叶（以上部3片叶为主）。记载病株数、病叶数、病情分级数，预测发生程度和防治适期。

3. 防治指标

小麦孕穗期，倒3叶病叶率达15%的田块。

4. 防治方法

亩用有效成分三唑酮10g，或烯唑醇8g，或丙环唑乳油10g，或腈菌唑4g，喷雾防治。视病情发展，连续施药2～3次，每次间隔7天左右。

（六）小麦赤霉病

1. 简述

小麦赤霉病是一种强气候性真菌病害。小麦从幼苗到抽穗都可受害，主要引起苗枯、茎基腐、秆腐和穗腐。其中在开花至盛花期侵染率最高形成穗腐。该病在气候适宜时产生成熟子囊孢子借气流、风雨传播，孢子溅落在花药上萌发菌丝，然后侵染小穗，湿度适宜时，几天后产生大量粉红色霉层。小穗发病后扩展至穗轴，病部枯褐，使被害部以上小穗枯死，形成枯白穗。

2. 调查方法

①稻桩带菌率调查：选择当地主要夏熟作物 1~2 个类型田，每类型田 3~5 块，每次每块田取样 50~100 丛稻桩。调查赤霉病稻桩子囊壳带菌数量，然后带回室内检查病菌发育程度，预测该病的防治适期和发生程度。在小麦拔节期、孕穗期和始穗期各调查 1 次。②病穗调查：根据茬口和品种分类型各选田 10 块以上，每块随机取样 500 株，调查病穗数、分级病穗数，掌握该病的实际病穗率和为害程度。在乳熟期—腊熟期各调查 1 次。

3. 防治指标

在小麦初花期（扬花 10%）地块。

4. 防治方法

亩用有效成分咪鲜胺 15g，或氰烯菌酯 50g，或甲基硫菌灵 70g，或亩用 36% 多菌灵·三唑酮悬浮剂 100g 喷雾防治；若花期多雨或多雾，应在药后 7 天左右，再喷一次。

二、水稻病虫害

（一）水稻二化螟

1. 简述

水稻二化螟属鳞翅目，螟蛾科，是水稻上常发的主要害虫之一。一般发生 2~3 代，以初孵幼虫群集叶鞘内为害，造成枯鞘，3 龄以后幼虫蛀入稻株内为害，植株在分蘖期受害形成枯鞘、枯心苗；在穗期受害形成虫伤株和白穗，一般情况减产 3%~5%，严重时减产在 3 成以上。二化螟除为害水稻外，还能为害茭白、玉米、高粱、甘蔗、油菜、蚕豆、麦类以及芦苇、稗、李氏禾等杂草。

2. 调查方法

二化螟属本地虫源，需调查越冬基数和冬后死亡率来预测当年一代发生量。①冬前基数：选有代表性的地块 10~15 块，每块采用双对角线 10 点取样，每点取 0.5～1m²，在翻耕冬种田和未翻耕田内拾取 10 个样点内的全部外露稻桩，调查活虫数、死虫数，推算亩虫残虫量及死亡率。于冬前、冬后各调查 1 次。②卵量调查：根据水的品种、播期、移栽期等将水的大田划分几种类型田，每类型田选择有代表性的田块 2～3 块，采用平行跳跃式取样，每田取 5 个样点，每样点 4m²，调查点内卵量。③幼虫、蛹调查：以后各代结合螟害率调查。根据不同栽插期和品种选不同类型田，剥查活虫数不少于 30 头，被害株不少于 200 株。调查时应根据不同为害状比例拔取被害株。对剥查的幼虫、蛹进行分龄、分级。隔 5～7 天进行调查 1 次。预测各代发生程度及防治适期。

3. 防治指标

凡亩卵量达 100 块的田块。

4. 防治方法

一代以秧田为重点保护对象，在卵孵高峰期，亩用 8 000IU/mg Bt 可湿性粉剂 100g，或在 1 龄、2 龄幼虫高峰期选用杀虫单有效成分 60～80g；二代重点防治大田，防治适期在卵孵高峰期，重发区域 7～10 天后再补治一次，药剂选用阿维·氟酰胺 3g、甲维盐、阿维菌素复配剂，或亩用氯虫苯虫甲本酰胺有效成分 2g。

（二）稻蓟马

1. 简述

稻蓟马为缨翅目，蓟马科。以成虫在麦田，茭白及禾本科杂草等处越冬。进入 5 月下旬 6 月上旬开始转移至秧田，该虫常藏身卷叶叶尖或心叶内，早晚及阴天外出活动，成、若虫以口器锉破叶面，形成微细黄白色斑，渐及全叶卷缩枯黄，严重的田块，常成片枯死，状如火烧。穗期成、若虫趋向穗苞，扬花时，转入颖壳内，为害子房，造成空瘪粒。

2. 调查方法

①秧田调查：一般在秧苗 3 叶期开始调查，选类型田 2 块，每块每次随机取样 30 株，每 5 天调查 1 次记载每株上的成、若虫数和倒 2 叶、倒 3 叶的卵量。②大田普查：按不同稻作类型，各定 1 块，在发现叶尖初卷时开始调查。记载成、若虫和卵量，同时调查 20 丛卷叶株数，计算卷叶株率，预测稻蓟马发生程度和防治适期。

3. 防治指标

秧田卷叶株率约 15% ~ 20%（卷叶率 5%），大田卷叶株率约 30%（卷叶率 10%）则列为防治对象田。

4. 防治方法

亩用有效成分吡虫啉 3g，或吡蚜酮 6g，或毒死蜱 40g 等。

（三）灰飞虱

1. 简述

灰飞虱属于同翅目飞虱科，寄主是各种草坪禾草及水稻、麦类、玉米、稗等禾本科植物，所以对农业为害很大。成虫和若虫群集于稻株下部刺吸汁液，很少直接导致稻株枯死，严重时也可能造成枯秆倒伏。其为害性还在于能传播水稻黑条矮缩病、水稻条纹叶枯病和玉米粗缩病等多种病毒病，故在有毒源作物情况下常造成灾害。近年来，灰飞虱传播病毒病有逐步加重的趋势。

2. 调查方法

麦田成虫与若虫的调查：选不同生育期的田块，自 4 月下旬起，定期用白瓷盘拍查，每块田对角线定 5 点，每个点拍 0.2m^2，小麦孕穗期、齐穗期拍中下部，乳熟期拍上部。调查记载每 0.1m^2 成虫、若虫数量及若虫龄期，掌握若虫龄期及发育进度，折算亩虫量。秧田成虫与若虫的调查：秧田调查同麦田调查相同；大田调查，选不同类型田块，每块田查 5 点，每点拍 10 穴，记载百穴虫量。

3. 防治指标

百丛有虫 80 头的田块。

4. 防治方法

①狠抓秧田防治。重病区提倡使用防虫网育秧。小麦成熟收割期，秧田普治灰飞虱，亩用有效成分吡蚜酮 6g 或毒死蜱 40g 等，并视虫情及时补治。②大田防治。病害常发区分别于灰飞虱第二、第三代卵孵至低龄若虫盛期防治，亩用有效成分吡蚜酮 5g 或噻嗪酮 20g。

（四）白背飞虱及褐飞虱

1. 简述

两种飞虱皆属同翅目飞虱科，都属长距离迁飞性害虫，常年发生 2 ~ 3 代，近年来一般以第 2 代为害为主。

白背飞虱：其迁入时间一般早于褐飞虱。白背稻虱成、若虫在稻株上的活动位置比褐飞虱和灰飞虱都高。以成虫和若虫群栖稻株上刺吸汁液，造成稻叶叶尖褪绿变黄，严重时全株枯死，即形成所谓"冒穿"。一般初夏多雨，盛夏干旱的年份，易导致大发生。但以分蘖盛期、孕穗、抽穗期最为适宜，此时增殖快，受害重。

褐飞虱：对水稻的为害主要表现在以下几方面。①直接吸食为害：以成、若虫群集于稻丛基部，刺吸茎叶组织汁液。虫量大，受害重时引起稻株瘫痪倒伏，俗称"冒穿"，导致严重减产或失收。②产卵为害：产卵时，刺伤稻株茎叶组织，形成大量伤口，促使水分由刺伤点向外散失，同时破坏疏导组织，加重水稻的受害程度。③传播或诱发水稻病害：褐飞虱不仅是传播水稻病毒病——草状丛矮病和齿叶矮缩病的虫媒，也有利于水稻纹枯病、小球菌核病的侵染为害。取食时排泄的蜜露，因富含各种糖类、氨基酸类，覆盖在稻株上，极易招致煤烟病菌的滋生。

2. 调查方法

水稻移栽后，自诱测灯下出现第一次成虫高峰后开始至水稻成熟收割前 2~3 天结束，根据品种、生育期和长势选有代表性的田块，采用双行平行跳跃式取样，每点取 2 丛。每块田取点数根据田间发生量而定，每丛低于 5 头时，每块田查 50 丛以上；每丛 5~10 头时，每块田查 30~50 丛；每丛大于 10 头时，每块田查 20~30 丛。每 5 天调查一次。调查工具用 33cm×45cm 的白搪瓷盘作载体，轻插入稻行，下缘紧贴稻丛基部，快速拍击植株中下部 2~3 下，每点计数 1 次。调查飞虱种类虫量、各虫态虫量。预报稻飞虱的发生程度及防治适期。

3. 防治指标

防治指标：分蘖期为百丛低龄若虫 1 000 头，孕、抽穗期为百丛低龄若虫 1 500 头；齐穗期以后为百丛低龄若虫 2 000 头。

4. 防治方法

在卵孵盛期至低龄若虫高峰期。亩用有效成分吡蚜酮 5g、噻嗪酮 25g、乙虫腈 4~5g、噻虫嗪 0.5~1g。世代重叠严重，虫情复杂时，可亩用毒死蜱有效成分 40~50g 加吡蚜酮 5g。施药时要用足药量、对足水量（每亩 45~60kg）、喷准部位（稻株中、下部）、保持水层（3cm 左右水层 5 天），无水田块加大用水量或亩用敌敌畏 200g 熏蒸。

（五）稻纵卷叶螟

1. 简述

稻纵卷叶螟是鳞翅目螟蛾科害虫，具有迁飞习性，常年发生 2~3 代。成虫有趋光性，栖息趋荫蔽性和产卵趋嫩性。初孵幼虫取食心叶，出现针头状小点，也有先在叶鞘内为害，随着虫龄增大，吐丝缀于稻叶两边叶缘，纵卷叶片成圆筒状虫苞，幼虫藏身其内啃食叶肉，留下表皮呈白色条斑。严重时"虫苞累累，白叶满田"。幼虫一生食叶 5~6 片，多达 9~10 片。以孕、抽穗期受害损失最大。

2．调查方法

①蛾量调查：田间调查于主害代及其上一代常年始蛾期前1周开始，至当代蛾盛期结束为止。隔天上午8时前进行1次。选择有代表的类型田2块。手持长2m的竹竿沿田埂逆风缓慢拨动稻丛中上部，并点数起飞蛾数，掌握成虫迁入高峰日，来推算防治适期。每块田调查50～100m²，用于折算亩蛾量，来定发生程度。

②幼虫发育进度及残虫量调查：在各主害代及其上一代大田防治结束后，四龄幼虫盛期进行1次。选择有代表性的田块3～5块，每块田查50～100丛，剥查所有虫苞，记录各虫态数量和被寄生虫数，计算虫态比例、虫口密度、卷叶率等，用于辅助预测下代蛾高峰及发生程度。下代预测仍以田间蛾量调查来定防治适期。

3．防治指标

分蘖期百丛低龄幼虫100头，孕、抽穗期百丛低龄幼虫50头。

4．防治方法

大发生年份，防治适期为卵孵高峰期，7天后再补治一次；中等发生年份，防治适期为低龄幼虫高峰期。亩用有效成分阿维菌素1～1.5g、阿维·氟酰胺3～4g、氯虫苯甲本酰胺2g、丙溴磷50g、甲维盐0.5g。

（六）水稻纹枯病

1．简述

水稻纹枯病是水稻上常发的一种土传真菌病害，多在高温、高湿条件下发生。始发于叶鞘：在近水面处产生暗绿色水浸状边缘模糊小斑，后渐扩大呈椭圆形或云纹形，中部呈灰绿或灰褐色。发病严重时数个病斑融合形成大斑，常致叶片发黄枯死；叶片染病：病斑也呈云纹状，边缘褪黄，发病快时病斑呈污绿色，叶片很快腐烂；茎秆受害：症状似叶片，后期呈黄褐色，易折。穗颈部受害：初为污绿色，后变灰褐，常不能抽穗，抽穗的秕谷较多，千粒重下降。

2. 调查方法

根据当地水稻种植情况，选有代表性田 8~10 块，在分蘖期、孕穗期、抽穗期、乳熟期各调查 1 次，每田直线取样 100 丛，计算丛、株发病率，考查 10 丛严重度，计算病情指数，预测该病的发生程度与防治适期。

3. 防治指标

病丛率达 20% 的田块。

4. 防治方法

亩用有效成分井冈霉素 10g、井冈·蜡芽菌 25~30g、苯醚·丙环唑 6g、噻呋酰胺 3.5~5.4g，药液要均匀喷在稻株中下部。重病田块药后 7~10 天再补治一次。

（七）稻瘟病

1. 简述

主要为害叶片、茎秆、穗部。因为害时期、部位不同分为：苗瘟：发生于 3 叶前，由种子带菌所致。病苗基部灰黑，上部变褐，卷缩而死，湿度较大时病部产生大量灰黑色霉层；叶瘟：在整个生育期都能发生，分蘖至拔节期为害较重；穗颈瘟：初期在穗茎形成褐色小点，后使穗颈部变褐，造成枯白穗。谷粒瘟：在稻谷上产生褐色椭圆形或不规则斑，可使稻谷变黑。有的颖壳无症状，护颖受害变褐严重影响品质和产量。

2. 调查方法

①苗瘟：从秧苗 3~4 叶期到移栽大田前 3~5 天，查 1~2 次。按病情程度，选择发病轻、中、重的代表类型田，调查田块不少于 20 块。以株为单位，每块田随机取 30 株，调查病株数、

急性型病株及叶龄。②叶瘟调查：分别在分蘖末和孕穗末进行。按病情程度，选择发病轻、中、重的代表类型田，调查田块不少于20块。每块田随机取50丛，调查病丛数。选取其中有代表性的10丛，调查病叶数。③穗茎瘟：在水稻黄熟期进行。按病情程度，选择发病轻、中、重的代表类型田，调查田块不少于20块。每块田随机取50~100丛，调查病穗数、分级病穗数。

3. 防治指标

苗瘟、叶瘟，发现中心病株即挑治或病叶率达3%~5%时施药防治1~2次；防治穗瘟，感病品种要严格做到破口前3~5天喷药预防。

4. 防治方法

亩用有效成分稻瘟灵40g、春雷霉素2~3g等。

三、玉米病虫害

（一）玉米螟

1. 简述

玉米螟属鳞翅目螟蛾科害虫，是玉米上主要虫害之一，一般发生2~3代。玉米螟，可为害玉米植株地上的各个部位，使受害部分丧失功能，降低产量。幼虫孵出后，先聚集在一起，然后在植株幼嫩部分爬行，能吐丝下垂，借风力飘迁邻株，形成转株为害。三龄前主要集中在幼嫩心叶、雄穗、苞叶和花丝上活动取食，被害心叶展开后，即呈现许多横排小孔；四龄以后，大部分钻入茎秆。雄穗被蛀，易折断，影响授粉；苞叶、花丝被蛀食，会造成缺粒和秕粒；茎秆、穗柄、穗轴被蛀食后，形成隧道，破坏植株内水分、养分的输送，使茎秆倒折率增加，籽粒产量下降。

2. 调查方法

玉米螟属本地虫源，需调查越冬基数和冬后死亡率来预测当年一代发生量。①冬前基数：选不同环境下贮存的玉米秸秆，随机取样，每点剥查 100～200 秆，检查总虫数不少于 50 头，计数活虫数及死亡数，并根据当地寄主秸秆存量估计残虫量。于冬前、冬后分别调查 1 次。②生长期各代幼虫量及为害程度调查：选有代表性田块，棋盘式 10 点取样，每点 10 株，调查幼虫数量和被害植株数，推算百株虫量和株被害率。③田间玉米螟幼虫化蛹、羽化进度：在幼虫老熟期，每隔 5 天调查 1 次，每次剥查活虫 30 头，直到羽化率大 50% 以上时停止。根据发育进度，推算玉米螟的发生程度和防治适期。

3. 防治指标

苗期：玉米心叶末期（大喇叭口期）花叶株率达 5%～10% 时进行挑治，花叶株率达 10% 以上时进行普治，花叶株率超过 20%，或百株玉米累计有卵 30 块以上，需连防 2 次；穗期：玉米螟虫穗率达 10% 或百穗花丝有虫 50 头的田块。

4. 防治方法

苗期：每亩选用甲维盐有效成分 1.44g 拌 10kg 细沙制成毒土丢心，或用辛硫磷颗粒剂有效成分 9～12g 丢心。穗期：先剪去穗顶花丝，再用氰戊菊酯有效成分 20g，对水喷灌玉米穗顶。

（二）玉米粗缩病

1. 简述

玉米粗缩病由灰飞虱传播玉米粗缩病毒（MRDV）引起的一种玉米病毒病。在玉米整个生育期都可感染发病，以苗期受害最重，5～6 片叶即可显症。开始在心叶基部及中脉两侧产生透明的油浸状褪绿虚线条点，逐渐扩及整个叶片。病株矮化、叶片僵直、宽短而厚，叶片背部叶脉上产生蜡白色隆起条纹，节间粗短，顶叶簇生状如君子兰。多数病株不能抽穗结实，个别雄穗虽能抽出，但分枝极少，没有花粉。果穗畸形，花丝极少，植株严重矮化，雄穗退化，雌穗畸形，严重时不能结实。

2. 防治方法

①调整播期。春玉米播期掌握在 4 月 20 日以前；夏玉米尽量推迟至 6 月 10 日后再播种，避开米粗缩病传毒昆虫灰飞虱一代成虫麦田迁出期，有效控制玉米粗缩病的发生。②选用包衣种子，或用福美双·克百威悬浮种衣剂、福美双·甲基异柳磷悬浮种衣剂、丁硫克百威衣剂进行种子包衣；也可用吡虫啉加福美双拌种。③夏玉米播种前后及 3 叶期，亩用吡蚜酮有效成分 5g 对水喷洒玉米苗和田间及田埂、地头、沟边杂草，防治灰飞虱，连续喷 2 次。④加强田间管理，及时中耕除草，创造利于作物生长、不利于病虫害发生的环境条件。及时拔除粗缩病重病株，减少毒源。

四、大豆病虫

（一）大豆食心虫

1. 简述

俗称大豆蛀荚虫、小红虫，属鳞翅目害虫。大豆食心虫一年仅发生一代，以老熟幼虫在豆田、晒场及附近土内做茧越冬。成虫出土后由越冬场所逐渐飞往豆田，成虫飞翔力不强。大豆食心虫以幼虫蛀食豆荚，幼虫蛀入前均做一白丝网罩住幼虫，一般从豆荚合缝处蛀入，被害豆粒咬成沟道或残破状。

2. 调查方法

①田间成虫调查：选当地种植的主栽大豆品种，每块面积不少于 5 亩。8 月 1 ~ 25 日，每天下午 4 ~ 6 时调查。每块田查 5 点，每点两条垄，垄长 50m 或 100m，各调查点相隔至少 10m 以上，调查时顺垄前进，用 65cm 长小木棒轻轻拨动豆株，目测被惊起的成虫数量，并目测群体飞舞的蛾团的大概蛾数。调查蛾峰日虫量，推算防治适期。②幼虫虫食率调查：在当地主栽品种共 3 ~ 5 块，大豆收获前，每块田取 5 点，共取 10 ~ 15 株，混合脱

粒,抽查 1 000 ~ 2 000 粒,检查虫食豆荚数,计算虫食率,掌握实际为害率和损失率。

3. 防治指标

连续 3 天累计双行百米蛾量达 100 头。

4. 防治方法

在大豆食心虫成虫始盛期后 7 ~ 10 天,亩用有效成分氯氟氰菊酯 1g,或氰戊菊酯 5g 对水喷雾。

（二）大豆天蛾

1. 简述

大豆蚕蛾俗称豆虫,属鳞翅目害虫。豆天蛾以幼虫取食大豆叶,低龄幼虫吃成网孔和缺刻,高龄幼虫食量增大,严重时,可将豆株吃成光秆,使之不能结荚。

2. 调查方法

①成虫调查:每年 4 ~ 10 月底,用黑光灯诱蛾,逐日记载雌、雄蛾数量。②卵、幼虫量调查:在成虫产卵盛期和幼虫为害盛期各查 3 次。卵量普查可在卵始盛期开始,以后每 5 天查 1 次。幼虫普查分别于一龄、三龄、五龄盛期各查一次,时间可用历期法推算,每次调查 6 ~ 10 块田,每田查 5 点,随机取样,每点 10 ~ 20 株,幼虫要分龄期。

3. 防治指标

百株幼虫 10 头。

4. 防治方法

豆天蛾卵孵盛期,亩用 8 000IU/mg Bt 可湿型粉剂 150g 对水喷雾防治。幼虫 3 龄之前,亩用阿维菌素有效成分 1g 对水喷雾防治。

五、农药复配混用技术

为了方便和节省人工,在防治病虫害过程中经常会把几种农药混在一起施用。但农药的混用不能盲目，应遵循以下科学原则。

1. 混用的农药不能起化学变化

（1）有机磷类、氨基甲酸酯类、菊酯类杀虫剂和二硫化氨基甲酸衍生物杀菌剂（福美双、代森锌、代森锰锌等）农药在碱性条件下会分解，不能与碱性农药混用。

敌百虫遇碱性会形成敌敌畏，所以加适量的碱性物质，可以起到与敌敌畏混用的目的，但是要严格掌握用量和条件，因为敌敌畏在碱性下会继续分解而成为无效的化合物。

（2）大多数有机硫杀菌剂对酸性反应比较敏感，混用时要慎重。如双效灵（即氨基酸铜）遇酸就会分解析出铜离子，很容易产生药害。

（3）一些农药不能和含金属离子的药物混用，如甲基托布津、二硫化氨基甲酸盐类杀菌剂等不宜与铜制剂混用。

（4）化学变化会对作物造成药害的不能混用，如石硫合剂与波尔多液混用，二硫代氨基甲酸盐类杀菌剂与铜制剂混用，福美双、代森环类杀菌剂和碱性药物混用，会生成对作物产生严重药害的物质。

2. 混用的农药物理性状应保持不变

混用农药时要注意不同成分的物理性状是否改变，防止产生药害。混合后产生分层、絮结和沉淀的农药不能混用；出现乳剂破坏、悬浮率降低甚至有结晶析出的也不能混用。乳油和水剂混用时，可先配水剂药液，再用水剂药液配制乳油药液。一些酸性且含有大量无机盐的水剂农药与乳油农药混用时会有破乳现象，要禁止混用。有机磷可湿性粉剂和其他可湿性粉剂混用时，悬浮率会下降，药效降低，容易造成药害，不宜混用。

3. 混用的农药不能提高毒性

农药混用可能比单一用药的效果好，但是，它们的毒性也可能会增加。如马拉硫磷是低毒的有机磷杀虫剂，与敌敌畏、敌百虫、苯硫磷或异稻瘟净混用，乐果与稻瘟净、异稻瘟净混用，对一些害虫有明显增效作用，但同时也增加了对人畜的毒性，因此，不能混用。

4. 混用农药应具有不同作用机理或不同防治对象

水稻孕穗至抽穗期，是稻飞虱和纹枯病的发生盛期，使用马拉硫磷乳油和井冈霉素水剂混合配方施药，可防虫又可防病；除草剂农得时和丁草胺或乙草胺等混用，可扩大杀草谱。没有杀卵活性的杀虫剂与有杀卵活性的杀虫剂混用；保护性与内吸性杀菌剂混用等。合理复配混用农药都能充分地利用农药的优势，达到提高防效、扩大防治范围的目的。

5. 颉颃作用与加合作用在农药复配中的应用

（1）颉颃作用：指复配混剂对同一种生物的毒力比组成混剂的各药剂单用毒力之和显著低时，颉颃作用表现在防治效果降低，对保护对象表现药害减轻。如禾草灵与2,4-滴或2甲4氯、二硝基甲酚混用时降低禾草灵对野燕麦的防治效果；多氧霉素和灭瘟素混用，降低多氧霉素对水稻纹枯病的防治效果。颉颃作用在降低对被保护对象的药害方面也有很多例子，如硫酸锌和代森锰混用，可降低代森锰的药害。铜制剂和链霉素混用，减轻链霉素对白菜的药害。氟乐灵、嗪草酮混用降低了嗪草酮对大豆的药害。利用这些颉颃作用，可以扩大药剂的应用范围。

（2）加合作用：指复配混用农药对同一种生物的毒力与组成该混剂的各种药剂单用的毒力之和相等时的联合作用，也就是相加作用。某一混剂对某一防治对象是最佳的，但对另一防治对象就不一定理想。如多菌灵和代森锌混用对葡萄灰霉病有增效作用，对瓜类白粉病只表现加合作用。一种混剂对防治对象来说是增效的，对被保护对象不一定增加药害，正因如此，才有可能利用复配农药对不同生物的增效、加合或颉颃作用，筛选出高效而安全的理想药剂，并具有新的特点，而成为一种新的农药。农药的复配混用是复杂的，如果混用不合理，可能出现许多不良后果，造成损失，所以，必须提倡合理混用。

总的来说，农药混用要谨慎，特别是对一些强酸、强碱的农药更要注意，以免降低药效和造成药害。因此，在使用农药前要详细看一下标签，掌握复配混用原则。

第三节　农田化学除草技术

随着生产的发展和科技的进步，在现代农业生产过程中，农田化学除草技术得到了越来越广泛的应用。但由于农田化学除草与农作物种类及其生育阶段、农田草相及其草龄大小、除草剂品种及其特点和特性，以及施药时的土壤和气候等因素密切相关，在实际使用化学除草剂防除农田杂草的实践过程中，其技术要求往往较高。只有准确把握与农田化学除草有关的各因素之间的相互关系，做到科学化除，才能取得事半功倍的效果。

一、除草剂的分类及其特点、特性

除草剂种类很多，分类方法也各不相同。

（一）按作用方式分类

可以把除草剂分为内吸传导性和触杀型两大类。

内吸传导性除草剂：使用后通过内吸作用传导到植物其他部位或整个植株，使之中毒死亡的除草剂。常用除草剂中，苯磺隆、氯氟吡氧乙酸、二甲四氯、啶磺草胺、精恶唑禾草灵、炔草酸、高效氟吡甲禾灵、精喹禾灵、氟磺胺草醚、苯达松、莠去津、烟嘧磺隆、硝磺草酮、恶唑酰草胺、氰氟草酯、五氟磺草胺、二氯喹啉酸、苄嘧磺隆、吡嘧磺隆、精异丙甲草胺、丁草胺、乙草胺、草甘膦等，属于内吸传导性除草剂。

触杀性除草剂：植物吸收后不能在体内传导移动或传导移动性很差，只能杀死所接触到的植物组织的除草剂。常用除草剂中，百草枯、唑草酮、乙羧氟草醚等，属于触杀性除草剂。

（二）按作用效果分类

可以把除草剂分为选择性和灭生性两大类。

选择性除草剂：能够选择性地适用于某些植物（作物）或仅能选择性地杀死某些植物（杂草）。常用除草剂中，苯磺隆、氯氟吡氧乙酸、二甲四氯、精恶唑禾草灵、高效氟吡甲禾灵、精喹禾灵、氟磺胺草醚、苯达松、莠去津、烟嘧磺隆、硝磺草酮、恶唑酰草胺、氰氟草酯、五氟磺草胺、丁草胺、苄嘧磺隆、吡嘧磺隆等，属于选择性除草剂。

灭生性除草剂：对植物（包括作物和杂草）没有选择性，能杀灭几乎所有的植物。常用除草剂中，草甘膦、百草枯等，属于灭生性除草剂。

（三）按使用方法分类

可以把除草剂分为茎叶处理剂和土壤封闭处理剂两大类。

茎叶处理剂：使用时，需将除草剂药液喷洒到植物茎叶上，通过植物茎叶吸收、传导或直接杀死杂草。常用除草剂中，苯磺隆、氯氟吡氧乙酸、二甲四氯、精恶唑禾草灵、高效氟吡甲禾灵、精喹禾灵、氟磺胺草醚、苯达松、莠去津、烟嘧磺隆、硝磺草酮、恶唑酰草胺、氰氟草酯、五氟磺草胺、二氯喹啉酸、苄嘧磺隆、吡嘧磺隆、唑草酮、乙羧氟草醚、百草枯、草甘膦等，属于茎叶处理剂。

土壤封闭处理剂：使用时，需将除草剂药液喷洒到地面，通过植物胚根、胚芽等器官吸收，从而杀死杂草。常用除草剂中，精异丙甲草胺、乙草胺、丁草胺、二甲戊灵、苄嘧磺隆、吡嘧磺隆、莠去津等，属于土壤封闭处理剂。

（四）按化学结构分类

可以把除草剂分为苯氧羧酸类、二苯醚类、苯胺类、酰胺类、苯甲酸类、三氮类、有机杂环类、有机磷类、磺酰脲、取代脲类、氨基甲酸酯类等。

二、麦田化学除草技术

（一）麦田杂草种类及其分布特点

麦田杂草分阔叶杂草和禾本科杂草两类。阔叶杂草主要有猪殃殃（涩拉秧）、婆婆纳、播娘蒿（米米蒿）、野油菜、大巢菜、麦家公（面条菜）、刺儿菜等，稻茬麦田和旱茬麦田均有发生；禾本科杂草主要有看麦娘、野燕麦等，主要分布在稻茬麦区和局部旱茬麦区。

（二）麦田化学除草施药适期

麦田化学除草有两个最佳施药期：一是小麦 3 叶期（杂草 2 叶期）以后至越冬前。二是小麦返青初期。冬前杂草幼小、代谢旺盛、抗药性差、易于防除；小麦返青初期，气温回升，杂草与小麦同步生长，但耐药性不强，同时，麦田覆盖度不高，易于施药。

（三）麦田除草剂种类

目前，市场上麦田除草剂种类繁多，但概括起来，防除麦田阔叶杂草的除草剂，以苯磺隆、二甲四氯、氯氟吡氧乙酸、唑草酮、双氟磺草胺、唑嘧磺草胺等单剂或复配制剂为主；防除禾本科杂草，以精恶唑禾草灵、炔草酸（酯）、啶磺草胺、甲基二磺隆、唑啉草酯等单剂或复配制剂为主。

（四）麦田除草剂选择

原则是根据草相选择麦田除草剂。

（1）以猪殃殃、泽漆、泥胡菜、大巢菜、小藜、空心莲子草、鸭趾草、马齿苋等阔叶杂草为主的麦田，宜选择氯氟吡氧乙酸及其复配制剂、双氟磺草胺与唑嘧磺草胺复配剂。

（2）以十字花科杂草如播娘蒿、荠菜等阔叶杂草为主的麦田，宜选用二甲四氯及其复配制剂、双氟磺草胺与唑嘧磺草胺复配剂。

（3）以禾本科杂草看麦娘、野燕麦为主的麦田，宜选用精恶唑禾草灵、啶磺草胺、炔草酸（酯）、甲基二磺隆单剂或复配制剂，也可以选用炔草酸（酯）与唑啉草酯、甲基二磺隆与甲基碘磺隆钠盐复配剂。

对日本看麦娘等恶性禾本科杂草，建议选用啶磺草胺、甲基二磺隆等，也可以选用炔草酸（酯）与唑啉草酯、甲基二磺隆与甲基碘磺隆钠盐复配剂。

（五）麦田化学除草注意事项

小麦 3 叶期、杂草 2 叶期以后施药，打早不打迟，小麦拔节后要谨慎施药；亩用量严格执行产品说明推荐剂量，在没有实际经验的情况下，严禁随意加大使用量、严禁混用；二次稀释法配药，喷药液量要充足，一般亩喷药液量不低于 25kg；气温 10℃以上施药，5℃以下不施药，强冷空气来临前不施药；严禁干旱、高温、大风等气候条件下施药；严禁用机动弥雾机喷施除草剂；严格执行除草剂安全间隔期规定，一般情况下每季仅用 1 次；施用麦田除草剂应避免喷到或飘移到其他作物上；严格执行农药使用的一般要求。

三、玉米田化学除草技术

（一）玉米田杂草种类及其分布特点

玉米田杂草种类很多，主要有马唐、稗草、牛筋草、狗尾草、金狗尾草等禾本科杂草，香附子、异型莎草等莎草科杂草，青葙、苍耳、刺儿菜、鸭跖草、蓼类、苋类等阔叶杂草。不同区域、不同田块草相不同，优势草种各异，但绝大多数田块均以禾本科杂草为主。

（二）玉米田化学除草适期和除草剂种类选择

玉米田化学除草分 3 个阶段，每个阶段除草剂种类选择如下。

第一个阶段，玉米播后芽前土壤封闭处理，可选用精异丙甲草胺、乙草胺、乙草胺·莠去津等。

第二个阶段，玉米 2～5 叶期茎叶处理，可选用烟嘧磺隆·莠去津复配剂、硝磺草酮·莠去津复配剂等。

第三个阶段，玉米 8 片叶以后定向茎叶处理，可选用百草枯，也可选用烟嘧磺隆·莠去津复配剂、硝磺草酮·莠去津复配剂等。

（三）玉米田化学除草注意事项

玉米播后芽前土壤封闭处理受灭茬情况、土壤墒情、药液用量和天气条件等因素影响，除草效果往往不稳定。要确保除草效果，必须做到彻底灭茬、看天趁墒施药、用足药液、均匀喷施。

玉米苗后早期茎叶处理除草剂种类多，但多为烟嘧磺隆·莠去津复配剂或硝磺草酮·莠去津复配剂。烟嘧磺隆·莠去津复配剂除草效果好、使用成本低，但对个别玉米品种安全性差，高温条件下使用风险更大，使用时要特别注意；硝磺草酮·莠去津复配剂安全性好，但使用成本略高，对狗尾草、金狗尾草效果差，不宜在以狗尾草、金狗尾草为优势草种的田块推广使用。

玉米 8 片叶以后用百草枯定向茎叶处理，一定要带防护罩，防止药液飘移。

四、大豆田化学除草技术

（一）大豆田杂草种类及其分布特点

大豆田杂草以马唐、稗草、牛筋草、狗尾草、金狗尾草等禾本科杂草和青葙、苍耳、鸭跖草、蓼类、苋类等阔叶杂草以及香附子、异型莎草等莎草科杂草为主，不同区域、不同田块草相不同，优势草种各异。

（二）大豆化学除草适期和除草剂种类选择

大豆田化学除草分 2 个阶段，每个阶段除草剂种类选择如下。

第一个阶段，大豆播后芽前土壤封闭处理，可选用精异丙甲草胺、乙草胺等。

第二个阶段，大豆 2～4 叶期茎叶处理，可选用精喹禾灵或高效氟吡甲禾灵与氟磺胺草醚混用，莎草科杂草多的田块，可选用精喹禾灵或高效氟吡甲禾灵与苯达松混用。

（三）大豆田化学除草注意事项

大豆播后芽前土壤封闭处理受灭茬情况、土壤墒情、药液用量和天气条件等因素影响，除草效果往往不稳定。要确保除草效果，必须做到彻底灭茬、看天趁墒施药、用足药液、均匀喷施。

大豆苗后早期茎叶处理应立足于早施药，避免高温条件下施药，以减轻药害，保证药效。

五、稻田化学除草技术

由于耕作制度和栽培方式不同，与其他农田化学除草相比，稻田化学除草要复杂得多。

（一）水稻育秧田化学除草技术

1. 旱育秧田化学除草

芽前土壤封闭处理：40% 丁草胺·恶草酮乳油 100mL/亩，播后芽前土壤封闭。要注意保持土壤湿润，但施药时及药后至水稻出苗前田间不能有积水，否则影响出苗。

苗后茎叶处理：防除马唐和低龄千金子、稗草等禾本科杂草，水稻秧苗 3 叶期以后、杂草 2～5 叶期，亩用 10% 恶唑酰草胺（韩秋好）80～100mL，对水 25～30kg 均匀喷施；防除千金子和低龄马唐、双穗雀稗等禾本科杂草，水稻秧苗 3 叶期以后、杂草 2~5 叶期，亩用 10% 氰氟草酯（千金）80~100mL，对水 25~30kg 均匀喷施；防除各类稗草及碎米莎草、鸭舌草等部分莎草科杂草和阔叶杂草，水稻秧苗 3 叶期以后、杂草 2~5 叶期，亩用 2.5% 五氟磺草胺（稻杰）80~100mL，对水 25~30kg 均匀喷施。

2. 水育秧田化学除草

芽前土壤封闭处理：催芽播种的田块，播后至立针期，亩用 35% 丙草胺·苄嘧磺隆 100~150g，土壤封闭处理；没有催芽直接播种的田块，播种后 3~4 天至立针期，亩用 35% 丙草胺·苄嘧磺隆 100~150g，土壤封闭处理。要注意保持土壤湿润。

苗后茎叶处理：同旱育秧田苗后茎叶处理。

3. 水稻育秧田化学除草注意事项

土壤封闭除草效果受土壤湿度影响较大，土壤湿润效果好，土壤干旱效果差。因此，要注意保持土壤湿润。

丁草胺·恶草酮乳油只能用于旱育秧田芽前封闭处理，不得用于水育秧田，旱育秧田用后田间也不能有积水。如需覆膜，需在喷药 1 小时后再盖膜。膜内气温超过 33℃ 时，需揭膜通风，避免产生药害。

出苗后茎叶处理，应在水稻 3 叶期以后、杂草 5 叶期以前进行。

严禁用机动喷雾器施药。用手动喷雾器施药，每亩秧田用水量应在 25~30kg，喷片孔径应在 0.9mm 以下。

严禁在高温、干旱条件下施药。较高的土壤湿度有利于茎叶处理剂充分发挥药效，如果土壤干旱，最好在浇灌后或待降雨后施药。

水稻育秧田化学除草要谨慎混用，水稻秧苗素质差（弱苗、病苗和苗龄过小）的田块不宜用除草剂。

药害处理：灌水洗田；及时喷施美洲星、庄福星、芸天力、碧护等。

（二）水稻移栽田化学除草技术

1. 人工移栽稻田化学除草

（1）（杂草）苗前封闭处理：水稻移栽活棵后（栽后5～10天），用14%苄·乙或用26%异丙甲·苄、53%苯噻酰·苄、60%苯噻酰草胺·吡、25%苄·丁等，拌细土（沙）或尿素撒施。可有效防除稗草、千金子、异型莎草、碎米莎草、牛毛毡、鸭舌草、节节菜、眼子菜、四叶萍等稻田大多数单双子叶杂草。施药时田间保持3～5cm浅水层5～7天，忌断水，缺水可缓灌，水层不能淹没水稻心。对苄嘧磺隆有抗性的矮慈姑、野荸荠、鸭舌草、雨久花等杂草发生较重的田块，每亩另加10%吡嘧磺隆10～20g一并撒施。

（2）（杂草）苗后茎叶处理：根据优势草种选择对路除草剂除草。

防除稗草：可选用五氟磺草胺（对稗草有特效，还可兼除部分莎草和阔草）、二氯喹啉酸（对红梗稗草效果差）等。

防除千金子：可选用氰氟草酯（对千金子有特效，可兼除双穗雀稗、低龄马唐等）。

防除马唐：可选用恶唑酰草胺（对马唐、牛筋草有特效，兼除低龄千金子、稗草）。

防除莎草科杂草：可选用吡嘧磺隆（对莎草有特效，可兼除阔叶杂草等）、苯达松（对莎草特效，可兼除阔叶杂草等）、五氟磺草胺（对稗草特效，还可兼除部分莎草和阔草）等。

防除阔叶杂草：可选用五氟磺草胺（对稗草有特效，还可兼除部分莎草和阔草）、苄嘧磺隆（对稻田大部分阔叶杂草有效）、吡嘧磺隆（对莎草有特效，可兼除阔叶杂草等）、苯达松（对莎草有特效，可兼除阔叶杂草等）。

2. 机插秧田化学除草

（杂草）苗前封闭处理：利用机插前沉实田土时机，提前3天以上用50%丁草胺乳剂100mL/亩封闭；插秧后8～10天，用30%苄·丁可湿性粉剂100g/亩、53%苯噻·苄可湿性粉剂80g/亩、68%苯噻.吡可湿性粉剂60g/亩进行二次化学除草，对机插中小苗水稻安全且除草效果较好。

（杂草）苗后茎叶处理：同人工移栽稻田苗后茎叶处理。

3. 水稻移栽大田化学除草注意事项

杂草苗前封闭处理，应在水稻移栽活棵后（栽后5～10天）进行，不应在整地时施用，施药后要保持3～5cm浅水层5～7天，忌断水，缺水可缓灌，水层深度不得超过稻心。

杂草苗后茎叶处理，应根据田间草相科学选用除草剂，且用量不宜随意加大，用手动喷雾器施药，每亩用水量应在30kg以上，喷片孔径应在0.9mm以下。

水稻病苗田、弱苗田不宜进行杂草苗后茎叶除草，应避免在不良环境条件下施用除草剂。

药害处理：灌水洗田；及时喷施美洲星、庄福星、芸天力、碧护等。

（三）直播稻田化学除草技术

直播稻种植方式比较复杂，有旱直播、有水直播，有免耕直播、有整地直播，有旱种水管、有旱种旱管等。直播稻田秧苗生长时间长，稻田生态空间大，给杂草提供了迅速生长和蔓延的机会。

1. 直播稻田主要杂草种类

（1）禾本科草：马唐、千金子、稗草、牛筋草等。正常情况下，田间出草高峰为播种后7～10天。

（2）阔叶杂草：鸭舌草、野慈姑、雨久花、节节菜、水花生、眼子菜、泽泻、陌上菜、鲤肠、反枝苋、青葙、苘麻等。正常情况下，田间出草高峰为播种后 10~15 天，播种后 23~26 天还有 1 个出草小高峰。

（3）莎草科草：野荸荠、扁秆藨草、异型莎草、碎米莎草、萤蔺等。正常情况下，田间出草高峰为播种后 12~16 天。

2. 直播稻田草害特点

杂草发生种类多，草相复杂。有稗草、千金子、马唐等多种禾本科草，还有多种阔叶草和多种莎草科杂草。

杂草出草时间较长，发生量大。田间出草高峰期为禾本科杂草播后 7~10 天、莎草科杂草播后 12~16 天、阔叶杂草播后 10~15 天和 23~26 天，出草高峰期长达近 30 天，严重田块每平方米达 500 株以上。

杂草生长速度快，适期化学除草机遇难抓。杂草 2~5 叶期是化学除草的最佳施药机遇期，但由于温、湿条件适宜，杂草 2~5 叶期持续的时间一般很短，加之可能遭遇连阴雨天气，化学除草的最佳施药机遇期往往很难抓住。

3. 直播稻田常规除草剂现状

一封：常用除草剂种类有丙苄系列、丁苄系列、丁噁系列、二甲戊灵等。存在的问题是整地质量、土壤墒情和气候条件影响封闭效果。

二杀：常用除草剂有二氯喹啉酸及二氯苄、二氯吡等。存在的问题，一是杂草抗性逐渐增强，二是千金子、马唐、牛筋草等快速上升为主要草种，三是药害（当茬、后茬）越来越多、越来越重。

三补：常用氰氟草酯、五氟磺草胺、噁唑酰草胺、苄嘧磺隆、苄嘧磺隆、苯达松、氯氟吡氧乙酸等。存在的问题，一是成本偏高，二是使用技术要求高。

4. 直播稻杂草防除技术

（1）"一封"——播种后 2~4 天芽前封闭处理。

水直播田：稻种先催芽至露白后播种。播种后 2～4 天，亩用 35％丙草胺·苄嘧磺隆 100～150g 或 20％吡嘧·丙草胺 100～150g，对水 30～50kg 均匀喷雾，进行土壤封闭处理，施药后 5 天内保持畦面湿润（平沟水），可有效防除稗草、千金子、牛毛毡、异型莎草、鸭舌草等单双子叶杂草。

旱直播田：旋耕、播种、盖籽、浇灌，待灌水落干后，每亩用 40％噁草·丁草胺乳油 100～120mL，或 33％二甲戊乐灵乳油 200～250mL、35％丙草胺·苄嘧磺隆 100～150g、20％吡嘧·丙草胺 100～150g，对水 30～50kg 均匀喷雾，进行土壤封闭处理，施药后 5 天内保持畦面湿润不积水，可有效防除稻田大部分单、双子叶杂草和莎草。

进行土壤封闭处理，要求保持土壤湿润，最好在播种后浇水，待畦沟有水但畦面没有明水时进行，丙草胺·苄嘧磺隆对土壤湿度要求更高，最好用于水直播田，在水稻露芽至立针期用药。用噁草·丁草胺乳油进行封闭处理的田块，施药后田间不能有积水，否则影响水稻出苗。

（2）"二杀"——苗期（水稻 3～5 叶期）茎叶处理。

秧苗 2 叶 1 心期以后、杂草 3～5 叶期时，根据田间草相，有针对性地选择对路除草剂进行化学除草。

以马唐、牛筋草为主的田块，可选用恶唑酰草胺。

以千金子、双穗雀稗为主的田块，可选用氰氟草酯。

以恶性稗草、莎草、阔叶杂草为主的田块，可选用五氟磺草胺。

以莎草科杂草或阔叶杂草为主的田块，可选用吡嘧磺隆或苯达松。

（3）"三补"——分蘖期进行补杀。

对"二杀"没有控制住的杂草，要及时进行补杀。药剂选择依然要根据草相。方法同上。

注意事项如下。

无论是土壤处理还是茎叶处理，都要求较高的土壤湿度。如果土壤湿度不够，应浇灌或待雨后施药。

茎叶处理应待水稻秧苗 2 叶 1 心期以后、杂草 3～5 叶期之间施药。

根据不同药剂特点科学设定用药量和用药时期，不得随意加大用药量，不要随意提前或推后用药，用水量一定要充足，一般每亩用水量不应低于 30kg。

不得随意混用，不得用机动喷雾器施药，应避免高温、干旱条件下施药，弱苗、病苗应慎用除草剂。

有些水稻品种对某些除草剂敏感，应谨慎使用。

第四节 测土配方施肥技术

一、什么是测土配方施肥

是在通过土壤测试，及时掌握土壤养分动态变化状况的前提下，根据不同作物品种需肥特性、土壤供肥性能和肥料效应、气候条件，在增施有机肥的基础条件下，产前制定合理的平衡施肥方案（氮、磷、钾中、微、适宜用量和比例、相应的施肥技术），实行无机与有机、氮肥与磷、钾肥，大量元素与中、微量元素平衡施用的一种科学施肥方法。

测土配方施肥就是国际上通称的平衡施肥，这项技术是联合国在全世界推行的先进农业技术。概括来说，一是测土，取土样测定土壤养分含量；二是配方，经过对土壤的养分诊断，按照庄稼需要的营养"开出药方、按方配药"；三是合理施肥，就是在农业科技人员指导下科学施用配方肥。

二、为什么要实施测土配方施肥

这就要从农作物、土壤、肥料三者关系谈起。农作物生长的根基在土壤，植物养分60%～70%是从土壤中吸收的。土壤养分种类很多，主要分3类：第一类是土壤里相对含量较少，农作物吸收利用较多的氮、磷、钾，叫作大量元素。第二类是土壤含量相对较多可是农作物需要却较少，像硅、硫、钙、镁等，叫作中量元素。第三类是土壤里含量很少、农作物需要的也很少，主要是铜、硼、锰、锌、钼、铁等，叫作微量元素。土壤中包含的这些营养元素，都是农作物生长发育所必需的。当土壤营养供应不足时，就要靠施肥来补充，以达到供肥和农作物需肥的平衡。

长期以来，由于农业生产上盲目施肥，增加了农业生产成本，而且带来了严重的环境污染，威胁农产品质量的安全，化肥价格持续上涨直接影响当前农业生产和农民增收，对推动农业可持续发展也十分不利，实施测土配方施肥，对于提高肥料利用率，减少面源污染，保护生态环境，保证农产品质量安全具有深远的影响。

三、测土配方施肥的理论依据

（一）养分归还学说

19世纪德国化学家李比希提出，也叫养分补偿学说。主要论点是：作物从土壤中吸收带走养分，使土壤中的养分越来越少。因此，要恢复地力，就必须向土壤施加养分。而且他还提出了"矿质养分"原理，首先，确定了氮、磷、钾三种元素是作物普遍需要而土壤不足的养分。他是第一个试图用化学测试手段探索土壤养分的科学家。从那时候至今，测土施肥科学已经取得了长足的进展。目前，世界各经济发达国家，测土配方施肥已成为一项常规的农业技术措施。

（二）最小养分律

是李比希在试验的基础上最早提出的。他是这样说的"某种元素的完全缺少或含量不足可能阻碍其他养分的功效，甚至减少其他养分的作用"。最小养分律是指作物产量的高低受作物最敏感缺乏养分制约，在一定程序上产量随这种养分的增减而变化。它的中心意思是：植物生长发育吸收的各种养分，但是决定植物产量的却是土壤中那个相对含量最小的养分。为了更好地理解最小养分律的含义，人们常以木制水桶加以图解，贮水桶是由多个木板组成，每一个木板代表着作物生长发育所需一种养分，当由一个木板（养分）比较低时，那么其贮水量（产量）也只有贮到与最低木板的刻度。

（三）报酬递减律

报酬递减律最早是作为经济法则提出来的。其内涵是：在其他技术条件（如灌溉、品种、耕作等）相对稳定的前提下，随着施肥量的逐渐增加，作物产量也随着增加。当施肥量超过一定限度后，再增加施肥量，相反还会造成农作物减产。可以根据这些变化，选择适宜的化肥用量。

（1）增施肥料的增产量×产品单价＞增施肥料×肥料单价。此时施肥经济又有利，增产又增收。

（2）增施肥料的增产量×产品单价＝增施肥料单价。此时，施肥的总收益最高，称为最佳施肥量，但产量不是最高。

（3）如果达到最佳施肥量后，再增施肥料可能会使作物略有增产，甚至达到最高产量，此时再增施肥料可能会造成减产，成了赔本的买卖。

据上述二者的变化关系，选择最佳施肥量，多采用建立回归方程，求出的边际效益等于零时，这时的施肥量为最佳施肥量。

（四）因子综合作用律

据统计，作物增产措施施肥占40%，品种占17%，灌溉占

2%，机械化占13%，其他占28%，因此，测土配方施肥应与其他高产栽培措施紧密结合，才能发挥出应有的增产效益。在肥料养分之间，也应该相互配合施用，这样才能产生养分之间的综合促进作用。

四、配方确定的基本方法

（一）地力分区（级）配方

地力分区（级）配方法的做法是，按土壤肥力高低分为若干等级，或划出一个肥力均等的田片，作为一个配方区，利用土壤普查资料和田间试验成果，结合群众的实践经验，估算出这一配方区内比较适宜的肥料种类及其施用量。

（二）目标产量配方

1. 养分平衡法

以土壤养分测定值来计算土壤供肥量。肥料需要量可按下列公式计算：肥料需要量＝〔（作物单位产量养分吸收量×目标产量）－（土壤测定值×换算系数×校正系数）〕/肥料养分含量×肥料当季利用率。

注：作物单位吸收量×目标产量＝作物吸收量；土壤测定值×0.15校正系数＝土壤供肥量；土壤养分测定值以mg/kg表示，0.15为养分换算系数。

2. 地力差减法

作物在不施任何肥料的情况下所得的产量称空白田产量，它所吸收的养分，全部取自土壤。从目标产量中减去空白田产量，就应是施肥所得的产量。按下列公式计算肥料需要量：肥料需要量＝作物单位产量养分吸收量×（目标产量－空白田产量）/养分含量×肥料当季利用率。

3. 肥料效应函数法

（1）肥料效应：不同肥料施用量对产量的影响。

（2）不同的土壤上肥料效应是不同的，但都要通过田间试验来确定肥料的最适用量。

测土配方施肥的3类6法可以互相补充，并不互相排斥。形成一个具体测土配方施肥方案时，可以一种方法为主，参考其他方法，配合起来运用。这样做的好处是：可以吸收各法的优点，消除或减少存在的缺点，在产前能确定更符合实际的肥料用量。

五、配方施肥的主要原则

（一）有机与无机相结合

实施配方施肥必须以有机肥料为基础，土壤有机质是土壤肥沃程度的重要标志，增施有机肥料可以增加土壤有机质含量，提高土壤的保肥、保水能力，增进土壤微生物的活动，促进化肥利用率的提高，因此，必须坚持多种形式进行有机肥的投入，才能够培肥地力，实现农业的可持续发展。

（二）各种元素的配合施用

各种元素的配合是配方施肥的重要内容，随着产量的不断提高，在土壤高强度的利用下，必须强调氮、磷、钾相互配合，并补充必要的中微量元素，才能获得高产、稳产。

（三）用地与养地相结合

投入与产出相平衡。要使作物、土壤、肥料形成物质和能量的良性循环，必须坚持用地与养地相结合，破坏和消耗了土壤肥力，意味着降低了农业再生产的能力，配方施肥必须不断补充和提高土壤肥力，才能达到稳产、高产。

六、测土配方施肥的步骤

测土配方施肥技术包括"测土、配方、配肥、供应、施肥指导"5个核心环节、11项重点内容。

（一）野外调查

在农田项目区，按平均 50～100 亩 1 个代表样的要求采集土样，开展野外调查和取样地块农户调查。

（二）田间试验

田间试验是获得各种作物最佳施肥量、施肥时期、施肥方法的根本途径，也是筛选、验证土壤养分测试技术、建立施肥指标体系的基本环节。通过田间试验，掌握各个施肥单元不同作物优化施肥量，基、追肥分配比例，施肥时期和施肥方法；摸清土壤养分校正系数、土壤供肥量、农作物需肥参数和肥料利用率等基本参数；构建作物施肥模型，为施肥分区和肥料配方提供依据。

（三）土壤测试

土壤测试是制定肥料配方的重要依据之一，随着种植业结构的不断调整，高产作物品种不断涌现，施肥结构和数量发生了很大的变化，土壤养分库也发生了明显改变，通过开展土壤氮、磷、钾及中、微量元素养分测试，了解土壤供肥能力状况。

（四）配方设计

肥料配方设计是测土配方施肥工作的核心。通过总结田间试验、土壤养分数据等，划分不同区域施肥分区；同时，根据气候、地貌、土壤、耕作制度等相似性和差异性，结合专家经验，提出不同作物的施肥配方。

（五）校正试验

为保证肥料配方的准确性，最大限度地减少配方肥料批量生产和大面积应用的风险，在每个施肥分区单元设置配方施肥、农户习惯施肥、空白 3 个处理，以当地主要作物及其主栽品种为研究对象，对比配方施肥的增产效果，校验施肥参数，验证并完善肥料配方，改进测土配方施肥技术参数。

（六）配方加工

配方落实到农户田间是提高和普及测土配方施肥技术的最关

键环节。目前，不同地区有不同的模式，其中，最主要的也是最具有市场前景的运作模式就是市场化运作、工厂化加工、网络化经营。这种模式适应的当前农村农民科技素质低、土地经营规模小、技物分离的现状。

（七）示范推广

为促进测土配方施肥技术能够落实到田间，既要解决测土配方施肥技术市场化运作的难题，又要让广大农民亲眼看到实际效果，这是限制测土配方施肥技术推广的"瓶颈"。建立测土配方施肥示范区，为农民创建窗口，树立样板，全面展示测土配方施肥技术效果，是推广前要做的工作。推广"一袋子肥"模式，将测土配方施肥技术物化成产品，也有利于打破技术推广"最后一公里"的"坚冰"。

（八）宣传培训

测土配方施肥技术宣传培训是提高农民科学施肥意识，普及技术的重要手段。农民是测土配方施肥技术的最终使用者，迫切需要向农民传授科学施肥方法和模式；同时还要加强对各级技术人员、肥料生产企业、肥料经销商的系统培训，逐步建立技术人员和肥料商持证上岗制度。

（九）数据库建设和耕地地力评价

运用计算机技术、地理信息系统（GIS）和全球卫星定位系统（GPS），采用规范化的测土配方施肥数据字典，以野外调查、农户施肥调查、肥料田间试验和土壤监测数据资料为基础，收集整理历年土壤肥料田间试验、分析化验数据和土壤监测数据资料，建立不同层次、不同区域的测土配方施肥数据库。

（十）效果评价

农民是测土配方施肥技术的最终执行者和落实者，也是最终受益者。检验测土配方施肥的实际效果，及时获得农民的反馈信息，不断完善管理体系、技术体系和服务体系。同时，为科学地评价测土配方施肥的实际效果，必须对一定的区域进行动态调查。

（十一）技术创新

技术创新是保证测土配方施肥工作长效性的科技支撑。重点开展田间试验方法、土壤养分测试技术、肥料配制方法、数据处理方法等方面的创新研究工作，不断提升测土配方施肥技术水平。

七、如何实现测土配方施肥

测土是在对土壤做出诊断，分析作物需肥规律，掌握土壤供肥和肥料释放相关条件变化特点的基础上，确定施用肥料的种类，配比肥用量，按方配肥。

从广义上讲，应当包括农肥和化肥配合施用。在这里可以打一个比喻，补充土壤养分、施用农肥比为"食补"，施用化肥比为"药补"。人们常说"食补好于药补"，因为农家肥中含有大量的有机质，可以增加土壤团粒结构，改善土壤水、肥、气热状况，不仅能补充土壤中含量不足的氮、磷、钾三大元素，又可以补充各种中、微量元素。实践证明，农家肥和化肥配合施用，可以提高化肥利用率 5% ~ 10%。

平衡施肥技术是一项较复杂的技术，农民掌握起来不容易，只有把该技术物化后变成配方肥，农民使用才能够真正实现。即测、配、产、供、施一条龙服务，由专业部门进行测土、配方，由化肥企业按配方进行生产并供给农民，由农业技术人员指导科学施用。简单地说，就是农民直接买配方肥，再按具体方案施用。这样，就把一项复杂的技术变成了一件简单的事情，这项技术才能真正应用到农业生产中去，才能发挥出它应有的作用。

八、几种作物科学施肥建议

（一）小麦科学施肥建议

1. 存在问题

小麦产区氮、磷肥用量普遍偏高，有机肥施用不足，一些区域微量元素锌和锰缺乏。

2. 施肥原则

（1）增施有机肥，实施秸秆还田，提倡有机无机配合。

（2）因地因苗追肥，适当增加中后期的氮肥施用比例。

（3）依据土壤钾素状况，高效施用钾肥。

（4）注意锌等微量元素的配合施用。

（5）根据土壤墒情和保水、保肥能力，合理确定灌水用量和时间。

3. 施肥建议

（1）在产量水平 500～600kg/亩条件下，施肥总量为：氮肥（N）13～16kg/亩，磷肥（P_2O_5）5～7kg/亩，钾肥（K_2O）5～8kg/亩。

（2）在产量水平 400～500kg/亩条件下，施肥总量为：氮肥（N）11～14kg/亩，磷肥（P_2O_5）4～6kg/亩，钾肥（K_2O）4～7kg/亩。

（3）有机肥施用量较多的地区，根据目标产量，酌情减少化肥施用量。

（4）旱粮麦区氮肥总量的 40%～50% 作基肥，50%～60% 作追肥。稻田麦区 50%～60% 氮肥基施，40%～50% 追施。钾肥的 70% 作基肥、30% 作追肥，磷肥、微肥通常一次性基施。

（5）根据实际情况选择适宜小麦追肥方法：条播麦田用独腿耧条施；趁雨撒施；无雨无墒的情况下，可先撒肥，后用微喷灌水；有灌溉条件的可结合沟灌、畦灌施肥。

（6）每亩分别施用硫酸锌和硫酸锰各 1kg 左右。提倡大力应用小麦测土配方肥。

（7）叶面喷肥。小麦抽穗至灌浆期，结合小麦穗期病虫害防治，进行叶面喷肥。叶面喷肥使用浓度：磷酸二氢钾 0.3% ~ 0.4%，尿素 1% ~2%。灌浆初期开始（7 天左右）可连续喷施 2 ~3 次。

（二）水稻科学施肥建议

1. 存在问题

水稻施肥存在的主要问题是有机肥用量少；氮肥施用偏多，前期施用比例过大；基肥在整地上水后施用。

2. 施肥原则

（1）增施有机肥，有机无机相结合。

（2）控制氮肥总量，调整基、追比例，减少前期氮肥用量，氮肥分次施用。

（3）基肥浅水深施，穗肥结合烤田复水"以水带氮"。

3. 施肥建议

（1）在目标亩产 600kg 以上的情况下，粳稻氮肥（N）用量控制在 15 ~18kg/亩，籼稻氮肥（N）用量控制在 13 ~15kg/亩；在亩产 500 ~600kg 的情况下，粳稻氮肥（N）用量控制在 14 ~16kg/亩，籼稻氮肥（N）用量控制在 12 ~ 14kg/亩；磷肥（P_2O_5）3 ~5kg/亩；钾肥（K_2O）5 ~8kg/亩。缺锌土壤每亩施用硫酸锌 1kg；适当基施硅肥。

（2）氮肥基肥占 45% ~ 50%，蘖肥 25% ~ 30%，穗肥 20%；有机肥与磷肥全部基施；钾肥可分基肥（60% ~70%）和穗肥（30% ~40%）两次施用。

（3）施用有机肥翻压的田块，基肥用量可适当减少。提倡大力应用水稻测土配方肥。

（三）夏玉米科学施肥建议

1. 存在问题

夏玉米施肥存在的主要问题是氮肥用量普遍偏高，有机肥施用不足，一些地区缺锌。

2. 施肥原则

（1）依据测土配方施肥结果，适当调减氮肥用量，氮肥分期施用，适当增加氮肥追肥比例。

（2）依据土壤钾素状况，高效施用钾肥。注意锌等微量元素的配合施用。

（3）有机与无机肥结合，提倡秸秆还田，推广玉米行间麦草覆盖还田。

（4）肥料施用应与高产优质栽培技术相结合，如玉米合理密植，化肥机械沟施。

3. 施肥建议

（1）产量水平600kg/亩以上：氮肥（N）14～17kg/亩，磷肥（P_2O_5）4～6kg/亩，钾肥（K_2O）5～7kg/亩，硫酸锌：1～2kg/亩。

（2）产量水平450～600kg/亩：氮肥（N）12～15kg/亩，磷肥（P_2O_5）3～5kg/亩，钾肥（K_2O）4～6kg/亩，硫酸锌：1kg/亩。

（3）有机肥、磷、钾肥、锌肥全部和氮肥的40%～50%作为基肥。结合整地灭茬一次施入。氮肥的50%和10%分别于大喇叭口期和抽雄期追肥。

（4）基肥采用沟施或穴施，深度6～10cm，追肥结合中耕灌溉或雨后足墒时沟施或穴施。免耕直播田块，利用免耕机带有的施肥装置，在播种的同时将化学肥料按基肥比例一次施入。

（四）大豆科学施肥建议

1. 存在问题

大豆施肥存在的主要问题是有机肥施用量少，偏施氮肥，土壤缺硼、钼。

2. 施肥原则

（1）根据测土结果，对磷、钾相对较丰富种植区，适当减少磷、钾肥施用比例；对大豆高产种植区，可适当增加施肥量，改氮肥一次施用为花荚期分次追施。

（2）提倡分层施肥，施肥深度在种子下面 3~4cm 占 1/3，6~8cm 占 2/3；难以做到分层施肥时，在有机质含量高的地块采取浅施肥，其他地区采取深施肥，尤其磷肥要集中深施到种下 10cm。

（3）补施硼肥和钼肥，在缺乏症状较轻地区，可采取微肥拌种的方式，最好和根瘤菌剂混合拌种，提高结瘤效率。

3. 施肥建议

（1）目标产量 100~150kg/亩，高、低肥力田块氮、磷、钾纯养分总用量分别为 7~9kg/亩和 8~10kg/亩。依据大豆养分需求，氮磷钾（$N - P_2O_5 - K_2O$）施用比例在高肥力土壤为 1：1.2：（0.3~0.5）；在低肥力土壤可适当增加氮、钾肥用量，氮、磷、钾肥施用比例为 1：1：（0.3~0.5）。

（2）目标产量为 150~200kg/亩及以上时，高、低肥力土壤纯养分总用量分别为 9~12kg/亩和 11~14kg/亩，氮磷钾（$N-P_2O_5-K_2O$）施用比例在高肥力土壤为 1：1.2：（0.4~0.6），在低肥力土壤为 1：1：（0.4~0.6）。

（3）磷、钾和硼、锌肥基施，氮肥 60%~70% 基施，30%~40% 追施，钼肥拌种；土壤缺乏微量元素的情况下，适当喷施 0.2% 硫酸锌（即每升水中加硫酸锌 2g）或 0.2% 硼砂或 0.05% 钼酸铵，大豆拌种已用钼酸铵，后期就不必再喷钼肥了。

提倡大豆行间秸秆覆盖还田，亩还田量 200~300kg。

九、几种作物参考配方

（一）小麦配方肥推荐配比

（1）40%（20 - 10 - 10）复合肥 + 硫酸锌（0.5kg）50kg（拔节期追施尿素 5~10kg/亩）。

（2）45%（25 - 12 - 8）复合肥 + 硫酸锌（0.5kg）50kg（拔节期追施尿素 5~10kg/亩）。

（3）50%（28 - 12 - 10）复合肥 + 硫酸锌（0.5kg）40kg（拔节期追施尿素 5~10kg/亩）。

（二）水稻配方肥推荐配比

（1）50%（25 - 12 - 13）复合肥 + 硫酸锌（0.5kg）40~50kg（返青分蘖期、穗期酌情追施尿素 5~10kg/亩）。

（2）45%（25 - 10 - 10）复合肥 + 硫酸锌（0.5kg）40~50kg（返青分蘖期、穗期酌情追施尿素 5~10kg/亩）。

（三）夏玉米配方肥推荐配比

（1）45%（25 - 8 - 12）复合肥 + 硫酸锌（0.5kg）40~50kg（拔节期至大喇叭口期酌情追施尿素 10~15kg/亩）。

（2）50%（28 - 10 - 12）复合肥 + 硫酸锌（0.5kg）40~50kg（拔节期至大喇叭口期酌情追施尿素 10~15kg/亩）。

第五章　几种高效间作套种模式

间作是在同一块地里成行或成带状间隔种植生育期相近的两种或多种作物，同期播种，共生期较长。套种是在当茬作物收获前，在预留行或作物行间栽种其他作物，作物之间共生期较短。合理进行间作套种，能充分利用人力、土地和光、热、水、气资源，提高复种指数，提高产量、增加效益。

第一节　瓜套棉栽培

西瓜的生长季节较短，行间距离大，在生长过程中不论空间还是时间，均有一段可以利用，非常适合间作套种。西瓜套种棉花在生产上已经大面积推广运用，一般亩产籽棉 200～250kg，西瓜 3 000kg 以上。种植带宽 2～2.2m，瓜垄地膜覆盖种 1 行西瓜，株距 60cm，每亩西瓜 500～550 株，两边种植棉花 1 300～1 500株。

（一）调节好播种期

西瓜和棉花均为春季作物，套种后容易产生二者同步进入生育旺盛期的矛盾。西瓜播期尽量提前，棉花播期适当延后。西瓜一般在 4 月上旬直播或定植幼苗于双膜覆盖小弓棚内，棉花于 5 月上旬种植在瓜垄两边，6 月中旬西瓜采摘后，棉花进入旺盛生长时期。

（二）品种选择

西瓜品种应选择优质、抗病性强、易坐果、产量高、抗裂性好、货架期长的品种。8424、超抗京欣、郑杂七号，甜王等，适当搭配中、大果型品种。如科农 3 号、科农 9 号，华联九号，丰抗 8 号等。棉花品种主要有岱字棉、国新棉系列、皖杂 40、皖杂16、楚杂棉 180。

（三）田块选择及整地施基肥

选择土层深厚，土质疏松肥沃，排灌方便的沙质壤土。旱地 5 年以内，水田 3 年以内未种过瓜的田块。瓜田冬前深耕冻垡，移栽前抓住墒情进行整地。瓜田要三沟配套，雨止田干，土松墒面平。施足基肥。基肥一般占到总施肥量的 60% ~70%，氮、磷、钾肥要搭配合理。基肥以优质有机肥为主，无机肥为辅。施肥量因土壤肥力情况和栽培的品种而定，一般中等肥力的田块、结合整地每亩施用腐熟有机肥 3 000 ~4 000kg，氮、磷、钾三元复合肥 60 ~80kg，注意勿施含氯肥料。小果型西瓜和嫁接栽培的西瓜可少施 20% 的肥料。

（四）种子处理及播种前准备

播种前应晒种 2 天。种子消毒：把种子浸入 55℃ 的水中，边浸边搅动 30 分钟左右，冷却后浸种 2 小时；药剂处理通常用 100 倍福尔马林浸种 30 分钟，或用 50% 多菌灵 500 倍液浸种 1 小时，后用清水反复冲洗干净浸种。苗床应选择背风向阳、地势高燥、管理方便的地点建苗床。早西瓜育苗，应在大棚或温室内进行，可铺设电热线提高土温，并在苗床上加盖小拱棚。营养土要求疏松，无病虫，按比例施氮、磷、钾肥，略有黏性。营养土配制：稻田表土 6 份，腐熟厩肥 3 份加草木灰 1 份，均匀混合后按体积每立方米土加腐熟鸡、鸭粪 5kg。土壤、肥料都要捣碎过筛，保持颗粒状，然后适量加水充分拌和，在播种前 1 ~2 个月堆制。钵口直径为 6 ~8cm，用废报纸做成，每一张大报纸做 10 个纸钵。也可以用塑料钵、泥钵。

（五）播种育苗

将经过处理的种子浸泡 3～4 小时后洗净，放在恒温箱内 40℃高温萌动 6 小时，30℃恒温下催芽。苗床管理：播种后，床内温度白天应控制在 28℃～35℃，夜间 20～25℃。待 80% 的种子破土出苗后，白天改为 20～25℃，夜间 15～18℃。第一片真叶出现后，白天 25～28℃。移栽前一周开始炼苗。

（六）定植

早熟西瓜苗龄约 1 个月，长出 2～3 片真叶便可定植。中熟西瓜苗龄 20～25 天即可定植。按株行距开挖定植穴，将营养钵按子叶与畦向一致的方向放入定植穴内，其深度与畦面平，用细土填满苗穴，浇定根水。做到边移栽边盖膜，膜宽不低于 80cm，盖膜要达到墒面细平，膜与墒面贴得紧，四周封实，破膜处要用细土封严实。

（七）田间管理

1. 整枝压蔓

一般采取三蔓整枝方式。在主蔓 8～9 叶时，选留主蔓和两个健壮的侧蔓，其余子蔓和孙蔓全部除去。整枝不宜在阴雨天进行，以防病害传播。当蔓长到 50cm 左右时，结合整枝用泥土压蔓，以后间隔 3～4 节再压一次，每蔓共压 2～3 次，将瓜蔓均匀摆布好。

2. 肥水管理

当幼瓜长至鸡蛋大小时，视植株长势（看瓜秧特别是头的长相）应追施膨瓜肥，一般每亩追施硫酸钾型三元复合肥 10～15kg。最好追施冲施肥料。幼苗期应尽量少浇水，或不浇水，以促使幼苗形成发达的根系；开花坐果前，要控制水分，防止疯长；坐果以后，应保证充足的水分供应，以利果实膨大，增加重量。采收前 7～10 天则不宜浇水，使果实积累糖分。灌水和雨后立即排干田间积水。

（八）西瓜主要病虫害防治

1. 猝倒病

种子和土壤消毒，选药75%敌克松1 000倍液，25%瑞毒霉500～800倍液，58%甲双灵锰锌1 000倍液。

2. 疫病

苗期叶子上出现病斑，病斑中央逐渐变成红褐色，基部近地面明显溢缩，最后倒伏枯死。选药40%乙磷铝（霉疫净）200～300倍液，75%百菌清500～700倍液，64%杀毒矾500倍液。

3. 潜叶蝇

用25%杀虫双1 000倍液或80%敌敌畏1 500倍液。

4. 黄守瓜

黄色小甲虫，成虫为害地上部分，90%敌百虫800倍液。

（九）棉花栽培要点

1. 品种及定植时间

4月上旬育苗，5月上、中旬移植。适当稀植，品种主要有岱字棉、国新棉系列、皖杂40、皖杂16、楚杂棉180前期生长势强，单株生长潜力大，要适当稀植，要求行距1m，株距0.5m，密度控制在每亩1 500株左右。发挥品种特性夺取高产。单株伏桃20个以上，株高130cm，达到理想高产株型。

2. 田间管理

用肥总的原则是：要掌握稳氮、增磷、补钾、增加锌肥和硼肥。在施足基肥的基础上，重施花铃肥，轻盖盖顶肥，花铃肥亩追45%三元复合肥15kg，要求开沟深施，以水促肥，提高肥效，时期在初花期，西瓜已经拉秧。轻施盖顶肥，防止棉花早衰，充分利用生长季节，提高铃重和衣分率，淮北棉区不迟于8月10号，趁雨撒施，亩施肥尿素8～10斤。苗蕾期管理是营养生长期，主要搭好丰产的架子。棉花7～8叶时，用缩节胺浓度为30～40mg/kg，亩用0.5～1g，喷施顶部。霉雨来临之前，必须清理三沟，防止田间积水，干旱时进行沟灌抗旱，浇跑马水。花铃期管理：追肥。这一时期是棉花营养生长和生殖生长旺盛期，是多结桃、结大桃、抢伏桃、争秋桃、夺高产的关键时期，应在7月上旬重施花铃肥的基础上8月10号左右再施7~10kg尿素；初花期化控，主茎16~17叶初花期，每亩2g。盛花期化控，一般在7月中下旬，打顶后一个星期，每亩用缩节胺3g。浓度为120mL/kg。花铃期是多种害虫猖獗为害时期，也是保蕾保铃，虫口夺棉的关键时期，特别注意四代棉铃虫、三代红铃虫的为害。根据虫害发生程度防治2~3次，整枝打顶，打顶是否能增产，关键在于掌握好打顶的时间和方法。棉农的经验是"时到不等枝，枝到看长势，凹顶早，冒顶迟，平顶打顶正当时"。一般在7月中旬，打去一顶一叶，不采取大把揪。打老叶，对生长过旺，田间密闭，在棉花生长后期分次打去老叶。

3. 病虫害防治

棉花苗期和西瓜共生，病虫害防治要选用高效低毒农药。主要害虫有盲椿象、蚜虫、红蜘蛛等及早用阿维高氯、杀灭菊酯防治。

枯萎病、黄萎病在初发时立即拔除病株。采用12.5%治萎灵液剂200~250倍液，于初病后和发病高峰各挑治1次，每病株灌根50~100mL。

花铃期是多种害虫猖獗为害时期，也是保蕾保铃，虫口夺棉的关键时期，特别注意四代棉铃虫、三代红铃虫的危害。根据虫害发生程度防治2~3次。

棉花枯、黄萎病没有根治的药剂，使用调节剂和保护剂有一定的预防作用。可采用12.5%治萎灵液剂200~250倍液，于初病后和发病高峰各挑治1次，每病株灌根50~100mL。也可用天达2116和杀菌剂混合喷施，这样可以增强棉株抗病能力，减少病害发生。可用的杀菌剂有：恶霉灵、绿乳铜、多菌灵、甲基托布津等。连续喷施 3 次，每次间隔 7 天。

（十）后期催熟及采收

10 月上旬，气温 20℃左右，每亩用 40% 乙烯利 100~120g，加水 30kg 喷物，有明显催熟和增产作用。实行 5 分，分级、分晒、分存、分轧、分售。

第二节　小麦、西瓜、棉花套种

（一）配置方式

种植带 2.2m，种 6 行小麦占地 1m，留预留行 1.2m，4 月底套栽一行育苗西瓜，西瓜两侧种植棉花，棉花距小麦 20cm，以防后期烤苗。

（二）品种选用

小麦宜选用优质高产抗逆性强的品种，西瓜宜选用 8424、京欣 1 号等早熟品种；棉花宜选生育期 140 天左右的优质品种。

（三）栽培技术要点

①整地施肥。秋种小麦按常规整地施肥播种。冬前预留行亩施优质土杂肥 3 000kg，深翻冻垡，早春结合深翻起垄，再亩施腐熟饼肥 20kg，尿素 15kg，磷肥 20kg。②西瓜适时育苗移栽。3 月中旬用营养袋在大棚内育苗，苗龄 30~35 天，4 月上中旬覆地膜，下旬偏向一边距小麦行 40cm 及时移栽，株距 50cm，亩栽 600 株。③田间管理。年后小麦禁用化学除草剂。西瓜活棵后注意及时用 40% 氧化乐果 1 000 倍液防治蚜虫，以防传播病毒病。团棵后用普力克（霜霉威）或 75% 疫霜锰锌 600~800 倍液预防疫病。防枯萎病可用 3% 的敌克松 600 倍液或双效灵 800 倍液。

（四）注意事项

①田间排水更畅通。②瓜垄高，不低于 20cm。③小麦成熟及时早收割。

第三节　小麦、豌豆、夏红芋、毛豆套种

小麦间种豌豆，采收后接茬夏红芋，套种早熟毛豆。豌豆和毛豆以卖豆角和鲜豆籽为主。

（一）配置方式

小麦间作豌豆种植带宽2m，种6行小麦占地1m，豌豆4行占地1m；每垄在垄腰下半坡点一行毛豆，每穴双株，穴距0.5m。

（二）品种选用

小麦宜选用矮早系列品种，豌豆选用中豌4号、5号等直立型品种，红芋用脱毒徐薯18，毛豆宜选用矮秆早熟品种。

（三）栽培技术要点

秋种时精细整地，施足底肥，用6垄播种机播种，豌豆11月中下旬用20～23cm耧中间塞腿来回套播。冬前豌豆亩追施尿素4～5kg，开花结荚期叶面喷施磷、钾、硼、锰、钼等肥料1～2次，小麦、豌豆禁用除草剂。褐斑病和白粉病发病初期及时用50%多菌灵可湿性粉剂100g加15%粉锈宁50～75g对水30kg喷雾防治；3～4月注意喷施阿维菌素2 000～3 000倍液，防治潜叶蝇和蚜虫。麦收后趁墒及时扶垄，红芋扶垄后即在垄侧点播毛豆。

第四节　大蒜、瓜、棉套种

（一）配置方式

种植带宽2m，种6行大蒜，行距约20cm，株距7～10cm，占地1m，留作收蒜薹、蒜头，另1m宽种大蒜7行，行距17cm，株距5～7cm，留收蒜苗。春节前后陆续起收上市。3月底，4月

初在收完蒜苗的空带内点一行地膜覆盖西瓜，株距60cm，每亩550株左右。4月中旬破膜在瓜垄两侧直播2行棉花，宽行130cm，窄行70cm，株距27cm，每亩2 500株左右。

（二）栽培技术要点

①选用优良品种，大蒜宜选四川二水早、金堂早熟等早熟高产品种，蒜薹可比当地品种提前半月上市，产量提高40% ~ 50%。西瓜选抗病优质品种8424，华蜜8号等品种。棉花宜选用杂交棉、中棉27、国抗4号、国抗7号等高产品种。②精细整地、前茬收获后即翻犁晒垡，再翻犁1~2遍，将土耙平耙碎，使土壤柔和。施足土杂肥，重施底肥。大蒜耗肥量大，种蒜前施肥施量要大，做到一肥两用。一般亩施优质土杂肥20架车（5 000kg）以上，复合肥100kg。③适时播种，合理密植。大蒜掌握在9月中旬播种，大蒜行距23cm，株距8cm，每亩3.5万株左右。④加强田间管理。大蒜齐苗后，注意蒜种蝇幼虫为害，发现个别枯心立即用40%乐果乳油800倍液喷施防治。苗期看苗追施尿素1~2次。抽薹前用5%磷酸二氢钾液进行叶面喷肥。发现叶枯病，结合追肥喷施抗枯灵防治。春节前后陆续起收上市。冬春深翻2次，等待点种西瓜。西瓜播种前一周，每亩再施尿素15kg，磷肥20kg，硫酸钾15kg，深翻细整做成龟背型垄。3月底，4月初在收完蒜苗的空带内点一行地膜覆盖西瓜，株距60cm，每亩550株左右。⑤4月中旬破膜在瓜垄两侧直播2行棉花，宽行130cm，窄行70cm，株距27cm，每亩2 500株左右。

5月下旬及时收获蒜薹、蒜头。蒜头起收后，蒜苗收后在空带内亩施农家肥3 000 ~ 4 000kg，腐熟饼肥20kg，西瓜苗出土后，立即破膜放苗，用细土封严膜孔。西瓜留三蔓，一主两侧枝，留主蔓上带二杂雌花坐瓜，蒜头收后要及时加强瓜棉管理，追肥、补水、防病、治虫、中耕、除草、整蔓、整枝打杈，并适时抓好棉花化学调控。

第五节　麦、棉、花生套种

（一）配置方式

种植带 1.6m，种 4 行小麦占地 60cm，留预留行 1m，来春播种 2 行棉花，行距 50cm，棉麦间距 25cm。麦收后麦茬空带中间点一行花生。一般小麦比单作减产 40% 左右，皮棉产量每亩 60kg 以上，同时可增收一些花生。

（二）品种搭配

小麦可选用高产、早熟、耐迟播的偃师 4110、郑麦 9023 等春性品种；棉花选用高产、中早熟、抗病、结铃集中、品质好的皖杂 40、中棉 27、国抗 4 号、国抗 6 号等；花生可选用鲁花系列和皖花 2 号等。

（三）栽培技术

10 月 20 日左右（霜降以前）拔完棉秸，腾出茬口。突击施基肥，耕翻整地，争取在 10 月底播完小麦，4 月 10 日前后棉花育苗，5 月 10~15 日移栽，每亩移栽 2 500 株左右；小麦收割后抢中耕灭茬，抢追提苗肥，抢防病治虫浇水，抢整枝打杈等，力促棉苗早发稳长。花生出苗后及时清棵，除去围根草，2~3 片真叶期结合浅锄每亩追肥尿素 3~5kg，封行前及时中耕除草培土壅根迎针下扎。

第六章　村级动物防疫员基础知识

第一节　扎实开展动物疫病强制免疫工作

为全面落实强制免疫工作，防止重大动物疫病发生和流行，根据《中华人民共和国动物防疫法》第十三条规定，制定国家动物疫病强制免疫计划。

高致病性禽流感、高致病性猪蓝耳病、口蹄疫、猪瘟等4种动物疫病实行强制免疫。

一、总体要求

群体免疫密度常年维持在90%以上，其中，应免畜禽免疫密度要达到100%，免疫抗体合格率全年保持在70%以上。

二、具体要求

免疫密度、免疫建档率、免疫证明发放率和二维码免疫耳标佩戴率4个100%；免疫抗体监测做到县不漏乡、病不漏畜的要求，免疫抗体合格率全年保持在70%以上。

继续落实"补免周"制度。

对突发疫情，依法依规妥善处置。

三、主要措施

一是着力抓好强制免疫工作。按照国家动物疫病强制免疫计划，今年的春季集中免疫工作，疫苗已全部发放到位，从现在开始全面推开，3月上旬开展村级动物防疫员培训和宣传发动，4月底强制免疫全部结束，5月中旬开展免疫效果监测，进行补免补防。5月底进行全面总结和考核。继续坚持实行散养畜禽集中免疫与"补免周"相结合、规模养殖场常年按程序免疫的制度。切实加强免疫效果监测，确保免疫密度和质量，构筑有效免疫屏障。进一步加强对免疫环节的监督检查，确保"真苗、真打、真有效"。

1. 集中强制免疫要求

一是四统一：疫苗、操作规程、免疫标识、免疫评价。二是五不漏：县不漏乡、乡不漏村、村不漏户、户不漏畜、畜不漏针。

2. 主要措施

着力抓好疫情监测报告。严格执行动物疫情零报告、快报和定期报告制度，做到"有事快报告、无事报平安"。建立健全测报站和监测站疫情报告责任制度，提高预警预报能力；充分发挥村级防疫员、疫情观察报告员和从事动物饲养、经营、疫病研究与诊疗机构和人员的作用，提高报告的时效性。坚持举报核查制度，作到"举报一起，核查一起"、"件件有回音，事事有结果"，确保不漏掉一起疫情。

着力抓好应急准备工作。对突发动物疫情，要坚持"早、快、严、小"原则，做到"有疑必报、有报必核、有疫必处、处必规范"。

着力抓好重点动物疫病，特别是人畜共患病防控工作。加强布病、结核病、山羊痘、狂犬病、炭疽等动物疫病防控工作。

第二节　动物疫苗的科学使用

一、一般常见疫苗的种类

疫苗免疫接种是控制、消灭、净化动物疫病的有效方法。

疫苗是指接种动物后能产生自动免疫和预防疫病的一类生物制品，包括细菌性疫苗、病毒性疫苗等，常见的是活苗和死苗。

1. 活苗就是弱毒活疫苗

它是通过物理化学或生物学的方法把免疫原性好的强毒力毒株致弱而保留原来的免疫原性，其主要成分为活的微生物，弱毒苗可以在免疫动物体内繁殖。弱毒苗常规下呈冻干固态状，如猪瘟兔化弱毒疫苗、猪蓝耳病弱毒、鸡新城疫弱毒苗、法氏囊弱毒苗、鸭瘟弱毒苗等都是弱毒疫苗。弱毒活疫苗的特点是：疫苗能在动物体内繁殖，接种少量的免疫剂量即可产生坚强的免疫力，具有接种次数少，抗体产生快（一般3～7天可产生一定的免疫力），免疫保护期长等优点。部分疫苗有紧急预防的功效。它的缺点是：有些疫苗毒株不稳定，存在返强或自然散毒的可能，贮存与运输不方便，需要地低温条件下贮存和运输。

2. 死苗就是指灭活疫苗

病原微生物经过理化方法灭活后，仍保持免疫原性，接种动物后能使其产生自动免疫，这类疫苗称为灭活疫。一般是呈液态状，如猪、牛、羊的口蹄疫灭活疫苗、高致病性蓝耳病疫苗、高致病性禽流感疫苗等。本疫苗的特点是：疫苗性质稳定，使用安全，易于保存与运输。它的缺点是：疫苗接种后不能在动物体内繁殖，因此，使用时接种剂量较大，接种次数较多，抗体产生慢（一般要7～14天），免疫保护期较短，不产生局部免疫力，并需要加入适当的佐剂来增强免疫效果。

除以上两大类外，另外还有基因缺失疫苗、多价疫苗、联合疫苗等。

二、如何正确使用疫苗

不同的疫苗其保存方式、稀释方式和接种方式都是不一样，使用时必须严格区别对待。

1. 合理保存

保存弱毒疫苗（冻干菌）一般应在 $-15 \sim -10℃$ 条件下保存，灭活苗（死苗）一般要 $2 \sim 8℃$，疫苗不得冻结。凡需低温保存的疫苗，在运输中，应采取冷藏措施，并且保持恒温状态，不能忽高忽低。

使用前仔细检查。疫苗接种前，要认真阅读瓶签及使用说明书，严格按照规定稀释疫苗和使用疫苗，不得任意变更；仔细检查疫苗的外包装与瓶内容物，变质、发霉及过期的疫苗不能使用。高温季节，最好在早晨接种疫苗。在使用过程中，应避免阳光照射和高温高热。

2. 选择合理的免疫接种方法

疫苗的接种方法不当，有时会造成严重的后果。最常用的疫苗接种方法是肌肉或皮下注射法，如猪瘟兔化弱毒疫苗、猪口蹄疫疫苗、猪蓝耳病灭活疫苗等皮下或肌肉注射接种。其次是滴鼻免疫接种，如伪猪传染性萎缩性鼻炎灭活疫苗、鸡新城疫疫苗等可用于滴鼻接种。再就是口服免疫接种，如仔猪副伤寒活疫苗、多杀性巴氏杆菌活疫苗等可经口服免疫接种疫苗。有的疫苗是针刺式免疫，如鸡痘疫苗等，也有经穴位注射接种的，如猪传染性胃肠炎和流行性腹泻疫苗采用猪后海穴接种，效果较好，使用前要仔细阅读说明。

3. 疫苗稀释液的选择与使用

不同的疫苗，同一种接种方法，其使用的稀释液也不一定相同。病毒性活疫苗注射免疫时，应用灭菌的生理盐水或蒸馏水稀释；细菌性活疫苗必须使用铝胶生理盐水稀释；口服免疫可用冷开水或井水稀释。某些特殊的疫苗，需使用厂家配用的专用稀释液。使用的稀释液要尽可能减少热原反应，质量不能出现问题，否则会造成免疫接种失败。高温季节作用疫苗前，要将稀释液经降温处理后才可以使用。

4. 疫苗免疫时注意事项

（1）注射病毒性疫苗的前后各4天内不准使用抗病毒药物和干扰素等，两种病毒性活疫苗一般不要同时接种，应间隔7~10天，以免产生相互干扰。

（2）病毒性活疫苗和灭活疫苗可同时使用，分别肌注；两种细菌性活疫苗可同时使用，分别肌注。注射活菌疫苗前后7天不要使用抗生素。

（3）正在发病潜伏期的畜禽接种弱毒活疫苗后，可能会激发疫情，甚至引起发病死亡。

（4）妊娠母猪尽可能不要接种弱毒活疫苗，特别是病毒性活疫苗，避免经胎盘传播，造成仔猪带毒。发热、老弱、病残猪只也不要接种疫苗。

疫苗稀释后其效价会不断下降，在气温15℃以下4小时失效、15~25℃2小时失效、25℃以上1小时内失效。因此，稀释后的疫苗要在规定的时间内用完，不能过夜。

注射接种疫苗时，要做到一畜一个针头，消毒后使用；注射部位先用碘酊消毒，后用酒精棉球擦干再注入疫苗，防止通过注射而发生交叉感染。选用合适的针头长度：如根据猪有大小选择9~16号不等的针头。注射完疫苗后，一切器械与用具都要严格消毒，疫苗瓶集中消毒销毁，以免散毒污染环境，造成可能存在的隐患。

第三节　疫苗接种后会出现反应吗

使用疫苗会出现一些反应，我们称之为免疫反应。正常情况下，会出现减食，体温稍高，有的会精神不振，如猪会出现卧地嗜睡、奶牛会出现减奶等，使用前要了解是否有疫情，并对畜禽进行一次健康检查。接种疫苗后，要认真观察动态，发现问题及时处理。

一般反应：一般不需治疗，1~2天后可自行恢复。

急性反应：注射疫苗后20分钟发生急性过敏反应，猪只表现呼吸加快、喘气、眼结膜潮红、发抖、皮肤红紫或苍白、口吐白沫、后肢不稳、倒地抽搐等。可立即肌注0.1%盐酸肾上腺，每头1mL或者肌注地塞米松10mg（妊娠猪不用），盐酸氯丙嗪，每千克体重1~3mg，必要时还可肌注安纳加强心。

最急性反应：与急性反应相似，只是发生快、反应更严重一些。治疗时除使用急性反应的抢救方法外，还应及时静脉注射5%葡萄糖溶液、维生素C、维生素B。

第四节　做好疫苗免接种是预防和控制畜禽疫病的有效方法

为确保畜禽健康生长，构建疫病防控体系，必须采取改善养殖环境、加强饲养管理、做好隔离、消毒灭源等综合防控措施，构建疫病防控体系。

疫病防控体系包括疫苗免疫、生物安全和药物控制3个方面。疫苗免疫接种是控制、消灭、净化动物疫病的有效方法；生物安全体系是为了阻断致病病原侵入畜禽群体、保证健康安全而采取的一系列综合防范，是经济有效的疫病控制手段，包括场址的选择、场内的布局、科学饲养管理、隔离、消毒和防疫措施等，目的是为畜禽生长提供一个舒适的生活环境，提高畜禽自身抵抗力，消除养殖场内污染的病原微生物，减少继发感染机会；药物控制必须坚持在预防为主、治疗为辅的基础上，要求做到科学用药、对症用药、适度用药。

要求按强制免疫方案要求，提高技能，规范操作，自身防护。

第五节　在防疫工作中做好自身的防护

责任防护：详实填好免疫卡，做好记录，完善免疫档案。做到及时、真实详细规范。

健康防护：避免感染人畜共患病。

人身防护：注意保定，避免人身伤害。

免疫时要规范操作，按要求更换注射针头，做好耳标、打挂器具消毒等各项工作，防止在免疫操作中人为传播疫病。同时，要加强疫苗的运输和保存管理，保证疫苗质量。严禁任何单位和个人倒买倒卖强制免疫疫苗。

建立免疫档案。对养殖户畜禽存栏、出栏及免疫等情况要有详细记录。特别要做好疫苗种类、生产厂家、生产批号等记录。做到乡镇畜牧兽医站、基层防疫员、养殖场（户）有免疫记录，做到免疫记录与畜禽标识相符。

第七章　农村经纪人基础知识

经纪人是商品生产和商品交换发展到一定阶段的产物，随着市场经济的产生而产生，并随着市场经济的发展而发展。市场经济是经纪人赖以生存的条件和基础，没有市场经济就不会有经纪人。市场经济的发展也离不开成熟的经纪人，市场经济呼唤着经纪人的发展，如果没有经纪人，市场经济就会失去活力。

第一节　经纪人的概念

经纪人是指在经济活动中，以收取佣金为目的，为促成他人交易而从事居间、行纪、代理等经纪人业务的公民、法人和其他经济组织。因此，经纪人在活动中以收取佣金为目的；服务的对象为买卖双方；经纪人活动的中心是要促成他人交易；经纪活动的形式主要是居间、行纪、代理等；经纪人活动的主体包括公民、法人和其他经济组织。

第二节　经纪人的权利与义务

经纪活动作为一项法律活动，必须符合权利与义务对等的原则，全面完整地规定经纪人的权利与义务，是对经纪人进行依法管理的核心内容。

一、经纪人的权利

经纪人的权利是指经纪人在开展经纪业务活动时，依法应享有的权力和应得到的利益。

1. 依法开展经纪业务的权利

依法设立的各类经纪人有权依据法律、法规及注册登记时核准的经营范围开展经纪活动，任何单位或个人不得非法干预。

2. 依法获得佣金的权利

经纪人促成他人交易，有权获取报酬，佣金标准如果国家有规定的按国家规定的标准收取，国家无具体规定的，则按商业习惯或双方订立的经纪合同收取。

3. 请求支付成本费用的权利

经纪人在完成经纪活动后，有权要求委托方支付经纪活动中所开支的费用，包括差旅费、咨询费、电话费、保管费、商检费等。委托人与经纪人可商定好佣金和成本费用合在一起，以包干形式在经纪合同加以规定。

4. 法规规定的其他权利

在经纪活动中，当经纪人发现委托人就委托的事项有故意隐瞒事实真相，或有欺诈行为时，经纪人有权终止为委托人提供经纪服务，并可就其故意隐瞒事实真相，或由欺诈行为所造成的损失请求赔偿；当经纪人发现委托人不具有履约能力时，经纪人有权立即终止经纪活动。

二、经纪人的义务

经纪人的义务指经纪人在开展经纪活动时，按有关法律和委托合同规定应尽的责任和义务。

（1）提供真实信息的义务。

（2）忠实履行经纪合同的义务。

（3）保管样品，保守商业秘密的义务。

（4）依法经纪、依法纳税的义务。

第三节　经纪人的活动方式和组织形式

一、活动方式

1. 居间

指为交易双方提供交易信息及条件，撮合双方交易成功的商业行为。在交易活动中，居间经纪人既不是买者，也不是卖者，而是沟通买卖双方从中牵线搭桥，促成交易的中间商人。

这种活动方式服务范围和对象广泛：可以涉及第一、第二、第三产业的各个行业，除了国家明文规定不得介入的行业之外，行行都存在大量的居间业务。工人、农民、商人、知识分子等各个社会阶层都需要居间活动。

一般来说，居间主要是通过提供信息服务或为买卖双方牵线搭桥来完成的，因而其介入交易双方交易活动的程度不深。居间只需要为买卖双方提供交易信息，或了解交易活动中可能会涉及的一些基本情况和一般性的技术问题，因此，服务的内容也较为简单。

在居间业务中，居间人都是以自己的名义开展活动的。既不是买者，也不是卖者，既不代表买者，也不代表卖者，而是在买卖双方之间提供服务，一旦交易成功，便可从中获取佣金。

2. 行纪

行纪又称信托，是指经纪人受委托人的委托，以经纪人自己的名义与第三方进行交易，并承担规定的法律责任的商业行为。把委托他人为自己办理购、销、寄售等事务的人叫信托人；接受委托，并以自己名义为委托人办理购、销、寄售等事务的人叫行纪人。信托人可以是公民，也可以是法人，但行纪人只限于法人。一般来说，行纪活动都要签订专门的行纪合同。

行纪人以自己的名义进行行纪活动，可以介入买卖。在行纪业务中，当行纪人接受信托代购代销的委托时，行纪人可以持自己的商品售出卖给信托人，也可以持信托人委托自己代销的商品直接买进，即自己可以成为直接的卖主和买主。该方式服务范围和对象较广，参与交易的程度较深。

3. 代理

代理又称委托，是指代理人在代理权限内，以被代理人名义与第三方进行交易，由被代理人承担相应的法律责任的商业行为。把代替他人实施商业行为的人称为代理人；由他人代替自己实施商业行为的人称为被代理人；与代理人实施商业行为的人称为第三人。

就其范围来讲，经纪活动中的代理属于商务代理；就其形式来讲，属于委托代理；就其性质来讲，属于直接代理。

代理商在商品流通领域中，通常受制造商或销售商的委托，代理购买或销售某些商品，并根据实际销售或购买额的大小，按比例收取报酬。

二、组织形式

（1）个体经纪人是指依照个体工商户及经纪人管理等有关法规，经工商行政管理机关登记注册，以公民个人名义进行经纪活动的经纪人。其性质属于个体工商户，在从事经纪业务活动过程中，个体经纪人以其全部财产承担无限责任。

个体经纪人必须符合法定条件并依法登记注册，个体经纪人的法定条件之一是取得经纪人资格证书。

根据《经纪人管理办法》的规定，公民要依法取得经纪资格证书，必须具备下列条件。

①具有完全民事行为能力。②具有从事经纪活动所需要的知识和技能。③有固定住所。④掌握国家有关法律、法规和政策。⑤申请经纪资格之前连续 3 年以上没有犯罪和经济违法行为。

（2）合伙经纪人指由具有经纪人资格证书的人员合伙设立的经纪人事务所或其他合伙经纪人组织，合伙经纪人从本质上来说，是从事经纪业务的合伙企业，是企业的一种组织形式。由各合伙人订立合伙协议，共同出资，合伙经营、共享收益、共担风险。

（3）公司经纪人指按照公司法及工商行政管理规范建立起来的企业或公司组织，专门进行经纪活动的经纪人。

第四节　经纪人应具备的素质

一、经纪人应具备的知识

在激烈竞争的市场经济环境中从事经纪活动的经纪人，必须努力学习各种新知识，及时调整自己的知识结构，以适应市场经济的要求和经纪业务的需要。经纪人除必须具备与自身业务相应的文化知识外，还必须具备以下几个方面的学科知识：①经济学知识；②商贸知识；③法律知识；④计算机知识；⑤心理学知识。

二、经纪人应具备的能力

一般能力：一般能力主要包括创造力、理解力和判断力；业务能力：经纪人的业务能力包括调查研究能力、协调能力、应变能力、经营能力等；公关能力：一是要有良好的仪表风度，做到品行端正，仪表大方，性格豪爽，气质高雅，言谈适度，礼貌庄重，给人以稳重干练、真诚、公正的印象。二是要具备良好的语言表达能力，做到语言表达灵活机智，言辞简洁，善于应变，富有吸引力。三是要有一定的组织能力，做到组织经纪业务有条不紊，使买卖双方心情舒畅。四是要有良好的气氛，能迅速而自然地与他人建立良好的关系，与人交往要努力做到热情而不失立场，谦恭有礼而又自尊自信。

三、经纪人应具备的心理素质

所谓经纪人的心理素质，是指表现在经纪人身上的经常的、稳定的、本质的心理特征。一般来说，经纪人应具备的良好心理素质包括以下几个方面：①对待事业要自信；②心境要宽松平静；③情绪控制能力要强；④心胸要开朗豁达；⑤人际关系的心理适应要好。

四、经纪人应具备的身体素质

①要有充沛的精力；②要有清醒的头脑；③要有稳定的心态。

五、经纪人应具备的信息知识

现代社会信息被看成是"无形财富"、"第二资源"，信息被视为不同于物质资源的另一种维持社会经济的重要资源，经纪人应不断地充实自己的信息资本，并不断增值自己的信息财富。

六、经纪人应具备的道德修养

①经纪人要遵纪守法；②经纪人要讲究信誉。信誉是经纪人的"生命线"，要遵守职业道德，视客户为上帝，讲究诚信，树立良好的形象。

七、农村经纪人类别

改革开放以来，我国农业生产有了较大发展，农民生产的大量农产品迫切需要在市场上销售，但由于农民在相对封闭的状态下分散生产，对多样化市场需求知之甚少，因此，非常需要农村经纪人提供各方面的服务。按照经营范围的不同，我们把农村经纪人简单地分为以下几类。

1. 农业生产资料市场经纪人

农业生产资料市场经纪人就是活跃在农业生产资料市场，为农民提供化肥、种子、农药等农业生产资料中介服务的各类经纪人。

2. 农副产品市场经纪人

农副产品经纪人主要是指从事粮食、蔬菜、水果、水产品等经纪活动的经纪人。

3. 农村日用品市场经纪人

农村日用品市场经纪人主要是指为农村提供衣、食、住、行等生活资料的各类经纪人。

农业部《关于加强农村经纪人队伍建设的意见》提出，分类指导，积极培育多种类型的农村经纪人，即依托批发市场，发展运销经纪人；围绕农业产业化经营，发展贮藏加工经纪人；结合科教兴农，发展农业科技经纪人；结合农村信息体系建设，发展信息经纪人。

第五节　农村经纪人获取市场信息和确定农产品价格的方法

一、农村经纪人获取市场信息的途径

获取全面、完整、准确的市场信息，有利于农村经纪人把握市场全局、抓住市场机遇，可以避免少走弯路，获得更好的经济效益。

1. 进行实地市场调查

留心身边发生的事情，从偶然得到的消息去挖掘市场。在产、供、销的市场上不断收集、整理、筛选有用的信息，综合分析这些信息以后再采取行动。

2. 从广播、电视、报刊、网络上获取市场消息

3. 积极参加各种农产品展销会、农村经纪人研讨会、农产品信息发布会等与农产品生产和销售有关的会

4. 经常注意政府有关部门发布的消息

政府部门的国际农产品市场消息，除了农业部发布的消息外，从我国驻外大使馆发回来的消息，经由商务部对外公布的信息，是很值得广大农村经纪人朋友注意的。当然各省、市、县的政府和农业部门的信息同样重要。

二、确定农产品收购价格的方法

为制定出合理的农副产品收购及销售价格，保证经营获得的有效进行，我们需要了解一些为农产品定价的基本知识。

1. 影响产品定价的主要因素

（1）买价：我们通常管它叫直接成本，它在流通领域成本中占的比重相当大，在简单的定价中，往往是以它为基础进行的。

（2）收购产品时发生的成本：如雇人来搬运、过秤、装车、入库等，要支付雇人的费用，还有一些吃、喝招待等杂费支出。

（3）库存和运输成本。

（4）寻找市场或者开拓市场的费用：如出差费、招待费、电话费、上网费、资料费、房租、水电、人员的工资、奖金等各种开支。

（5）经纪人自己的人工成本。

（6）各种可能的税费。

（7）损耗费。

2. 从事农产品种植的农村经纪人成本构成

（1）购买种子或者种畜的费用。

（2）生产成本：如买化肥、农药、农机设备，建设费用、用电用煤用水等；对于养殖业来说，需要修建围栏、网箱、房舍，要准备饲料，要进行防疫等。

（3）生产人工成本：就是在生产过程中所要花的人工钱，即各项工资。

（4）其他各项支出。

（5）如果经纪人要自己寻找市场，还要算上市场开拓的各项支出。

（6）如果一个经纪人是从生产到销售全干了，那么你在计算成本的时候就要包含上面两个方面的成本，当然有的地方是重复的，要扣除重复的部分。

三、农村经纪人可以选用的常见定价方法

1. 随行就市法

就是按照目前市面的价格来确定自己的价格，了解目前市场价格的主要途径有以下几种。

（1）农业部主办的"中国农业信网"www. agri. gov. cn 上的"价格行情"栏目里面，给出了粮油、棉花、蔬菜、果品、花卉、饲料、畜产品、水产品和生产资料等 9 种类型农产品的价格，专门有"今日菜价"报道全国部分地区的零售价格。

（2）在国家发展和改革委员会价格监测中心主办的"中国价格信息网"www. cpic. gov. cn 上的"三农信息服务"专栏里面，有农产品价格信息的宏观性预测。

（3）在"中国畜牧兽医信息网"www. cav. net. cn 上，有"市场商情"专栏和"供求信息"专栏，有农副产品价格走势分

析图。

（4）可以从"中国农业信息网"的"相关链"找到"中国粮食信息网"、"中国蔬菜网"、"中国棉花信息网"、"中国果品信息网"等网站，这些网站也可以提供很多有参考价值的当前市场价格信息。这种定价方法可以在一定程度上避免和其他竞争对手进行直接的价格竞争。

2. 成本加成定价法

简单地说，就是在总成本的基础上，加上一个想要获取利润的比例。这里有一个简单的计算公式，就是：产品定价 = 成本 × （1 + 加成率）

3. 目标利润定价法

即把目标利润计入成本进行定价的方法。

4. 差异定价法

差异定价法，又称差别定价法，是指根据销售的对象、时间、地点的不同而产生的需求差异，对相同的产品采用不同价格的定价方法。其好处是可以使企业定价最大限度地符合市场需求，促进商品销售，有利于企业获取最佳的经济效益。

第六节　农村经纪人组织货源、产品促销的方法

一、组织货源，确保产品质量

1. 按照合同的要求去组织产品，保证收购来的产品达到质量要求

（1）按照合同要求组织产品和货源，是一个经纪人应该遵循的基本原则。

（2）在实际生活中，有很多合同，并没有把质量要求写得很清楚，但是按照人们约定俗成的理解，农村经纪人组织的货源

也需要满足生产产品所需要的基本要求。

（3）作为农村经纪人，除了要按照合同要求收购商品，确保商品质量外，同时还要了解合同中要求的产品规格是否符合实际情况。

2. 没有合同约定，在组织货源时，要满足产品质量的基本要求

3. 在保存和运输过程中，要注意维护产品质量

二、农村经纪人开展促销活动的基本方法

1. 集市叫卖

经常在集市上听见有人高声叫卖自己的产品，突出自己产品的特色。其实农民朋友在不自觉中就已经在对产品进行促销了。

2. 上门推销

结合自己经销产品的特点，选择合适的渠道去推销。充分调动自己的积极性，认真分析产品特性和潜在的客户，尽量拓展现有产品的客户群，达到增加销售的目的。

3. 参加各种展览会、交易会

在交易会上，农村经纪人朋友可以向全国乃至全世界展示自己的产品，更为重要的是，更加清楚自己的产品处在什么样的市场地位，而市场上对什么产品需求最大，在搜集到最新的市场信息后，要及时调整自己的经营方式和目标。

4. 利用互联网络进行促销

在各类农网上发布信息，介绍产品信息，进行产品销售。

5. 在报刊、广播、电视等媒体上做广告

6. 靠品牌来进一步促进销售

通过创造品牌，提高声誉和知名度也是促销的有效手段。

第七节 农村经纪人经纪业务主要内容

一、信息传递

经纪人接受买方或者卖方的委托，带着供给或需求一方的信息去寻找相应的交易对手，促成交易，从而收取相应佣金。由此可见，在买卖方之间进行信息传递，是农村经纪人的主要经纪业务活动。

二、代表买方或卖方进行谈判

农村经纪人把买卖双方信息联系起来，但在交易条件上双方可能出现较大的分歧。在这种情况下，经纪人往往要在委托人授权范围内与对方进行谈判。

三、交易咨询，办理相关交易手续

很多委托人不大了解法律等相关事宜，农村经纪人要为委托人进行咨询，并协助办理有关交易手续。

四、起草交易活动所需的文件

农村经纪人可以根据委托方的意思表示进行经纪活动中有关文件的草拟工作。交易文件具有法律效力，涉及双方当事人的经济利益。因此，经纪人可以代替委托人草拟文件，但是必须通过协商，并且由当事人签名盖章。

五、为交易提供相关保证

农村经纪人作为联系买卖双方的中介，对交易的完成起到保证作用。这里的保证主要指的是经纪人通过自己的信誉使买卖双

方能够顺利完成契约。

第八节　农村经纪人谈判技巧

农村经纪人在日常工作中要经常代表委托方或为自己的业务同对手进行谈判，要使谈判顺利进行，达到预期的目标，需要掌握一些基本的谈判技巧。

一、谈判前的准备

1. 了解谈判对手的基本情况

谈判者所有权的性质，隶属关系。这个信息可以帮助经纪人判断谈判者的立场以及有可能采取的态度；谈判者的经营实力，如业务范围、经营能力、资金实力等。此项信息可以帮助经纪人了解谈判人在谈判中会处于强势还是弱势；谈判者的身份和地位。可以帮助经纪人了解谈判者所在单位的决策能力以及支配地位；谈判者的心理素质、性格、经验、兴趣爱好等。此项信息可以帮助经纪人准确地把握谈判者的性格特点和细节信息，这样有利于经纪人在谈判中选择合理的符合谈判人性格和爱好的语言等，容易博得对方的好感而取得整个谈判的胜利。

2. 制定谈判要达到的基本目标

3. 对谈判中可能出现的分歧与争端做充分的考虑与准备

4. 选择合适的谈判时间与地点，为谈判营造良好的氛围

从谈判的时间来看，如果在交易没有特殊时间限定情况下，有几个时间是要尽可能避免的，如吃饭时间前后，周一以及周六、周日及法定假日。当然在业务紧急情况下例外。

另外，在谈判地点的选择上，要考虑谈判人的爱好、性格特点等加以选择，谈判对手若属于文化素质较高，比较注意谈话环境的人，则可以考虑环境安静的茶楼等，让对方感觉到舒适。

5. 信息的收集和整理分析

全面掌握有效信息是经纪人获得成功的秘诀之一，他们善于眼观六路、耳听八方。凭借充分、及时、准确的信息为交易双方牵线搭桥，促成双方交易，从中赚取佣金。

信息收取的基本要求有 3 条：第一，信息的收集面要宽，目的必须明确；第二，原始资料要真实可靠，防止"信息失真"；第三，收集的信息要保持系统性和连续性。

信息的整理和分析：第一，对收集的信息进行评价，哪些是可立即利用的信息，哪些是将来肯定可用的信息，哪些是将来有可能派上用场的信息；第二，对信息进行精选和分类，可按使用的目的、用户类别、产业、经营项目、资料的内容、性质等标准进行分类；第三，资料保存，就是把各种资料分门别类地保存起来，以供查阅之用。

二、谈判阶段

1. 步入谈判室的言谈举止应注意

走路姿势要端正，表情坦率而友好；右手不拿任何东西，以便随时与对方握手；衣着要整齐干净和大方得体；充满自信，值得信赖，力争营造一种轻松愉快的氛围。

2. 在谈判阶段要注意

职业道德、坦率、可信。

3. 在谈判阶段遇到以下 3 种情况时，经纪人可提议休息

对方是否有合作意愿把握不准时；谈判中遇到难点时；当谈判已进行了很长时间时。

4. 谈判中应注意合理地运用语言技巧

（1）在谈判中切忌不要随意批评他人，同时更不要随意吹嘘自己中介的产品。尽可能做到实事求是，更不要轻率地承诺或者把话说满、说死，谈判中一定要为自己以后说的话留下回旋

余地。

（2）在谈判中要注意通过语言的合理运用，能够把握谈判的节奏和进度，当对方所谈问题远离谈判中心时能够及时把话题拉回，围绕谈判重点进行。

（3）谈判中要掌握倾听的技巧，给对手充分表达、表现自己机会。

5. 谈判中的讨价还价

（1）报价技巧：①低价主义，高价政策，除法报价。除法报价是以化整为零的策略为原则的一种报价技巧。它以价格为被除数，以商品的使用时间，商品的数量为除数，得出的价格商极为低廉，使买主的感觉错位。一个本很高的价格通过除法报价技术使买主在心理上感到不贵、便宜。②吹毛求疵，货比三家，故意出假价。

（2）还价的技巧：在还价前，先要研究对方报价的特点，找出对方的弱点部位，还需分析历次修改竞价的情况和特点及对方对本项交易的态度和表现。让步时要遵循适量性原则，即让步不要一下子让得过快，过多。

（3）谈判中要掌握讨价还价的技巧：在与买方进行谈判时，作为农村经纪人而言，在开始谈判前，就要做好充分的市场调查，对市场行情做到了如指掌。同时，不要轻易做出降价的承诺，可以和买方探讨这样一些问题，例如，对方是否能够增加购买数量？能否做到增加同一商品的购买量？除了本次交易商品，能否增加其他交易的商品？

如果买方的确可以在数量等方面提供更加有利的条款，才同意给对方以优惠的价格；同时提出在以后的交易中会给对方以优先购买权以及优惠价格。这样，买方的满足感也会增加。这实际上就是绝大部分买者的心理：一旦他提出降价，你马上降价，不管价格多优惠，买方都会认为自己不合适，价格可以再低。否则你不会答应得如此痛快。这样就会对经纪人不利，所以要特别了解谈判者的心理，掌握谈判技巧，这是十分重要的。

在与卖方谈判时，买方出价太低往往是卖方的抱怨。

在这种情况下，建议经纪人要认真分析卖方的抱怨，到底是真正的抱怨，还是事实上已经基本满意，只是想在谈判中获取更多的利益。因此，对于农村经纪人而言，就要认真分析自己中介的商品与市场同类竞争对手产品相比之下的质量以及价格差距。如果自己中介的商品质量较高，品牌信誉较好，就要以品牌产品作为切入点，让对方接受一分价钱一分货的观点，以保证谈判顺利进行。

6. 谈判的拒绝技巧

①推脱策略：如"此事要和某某商量，现在恐怕难以决定"。②拖延策略：如"此事还须进一步调查，等最后结果出来后再讨论怎么处理，如何？"③笑而不语：对于一些难以说清的或不需要多解释的问题可以以笑代言。④装聋作哑：对于一些对自己完全不利，任何解释都无法令对方满意的问题可以装作没有听见。⑤含糊其辞：对不容易回答的问题，可采取模棱两可的方法作回答，如"此笔交易的最终效益要视交易是否进展顺利。"⑥诱导对方自我否定：如"对于你刚才提出的问题，如果换了你是我应该如何回答？"⑦先同情后拒绝的策略：如果对方提出的要求限于各种原因一时无法满足，可采取该策略。如"你提的建议很有建设性，我们将加以研究，如果今后条件成熟，我们一定会采纳你的这一建议。"

三、谈判后及时总结谈判经验教训

每次谈判后，农村经纪人都要及时总结每次谈判的经验、教训，为以后的谈判积累宝贵的经验。

第八章 村级财务人员基础知识

第一节 村级财务管理的现状

阳光村务工程建设

开展阳光村务工程建设工作就是要从根本上、制度上减少和避免农村基层干部违纪违法，切实解决好农村"三资"管理、民主决策、民主管理中存在的问题，有效地推进农村基层党风廉政建设，树立基层干部的良好形象。"阳光村务工程"建设工作重点抓好三项工作。一是坚持民主理财，全面开展农村集体"三资"清理及规范化管理。这是"阳光村务工程"建设的第一项任务；二是坚持民主管理，全面推行村级事务管理流程化；科学制定村级事务流程化管理意见及流程图，推行"四议三公开"制度，形成民主管理长效机制。"四议"即：村支委提议、两委联席会商议、党员议事会或党员大会审议、村民会议或村民代表会决议；三公开即：议题公开、决议公开、实施结果公开；三是坚持民主监督，全面建立村务监督委员会。重点抓好四项工作：一要制定具体实施意见。明确村务监督委员会机构设置、人员产生、工作职责、权利义务等，为村务监督委员会建设提供政策依据；二要抓好人员配备。监督委员会一般由 3～5 人组成，至少有 1 名中共党员，监督委主任必须是中共党员。三要依法选举产生。这次应采取补选的方法，由村民大会或村民代表会议差额选举产生。目前，三项工作已经进入日常化管理的轨道，村务监督委员会人员补助已打卡发放。

第二节　村级财务管理的形式

一、村级财务管理的形式

清理后的资金、资产、资源全部移交乡镇"三资"委托代理服务中心代管，也即村级财务管理的形式是"村账乡管、委托代理"。村级只设一名报账员。

二、村级报账员的职责

具体负责本级财务收支结算、发票报销工作。

（1）报账员对村级的各项收入一律使用统一印制的《村级收入专用收据》，同时负责足额、及时上交至乡镇农村"三资"代理服务中心进行核算，不得截留、坐支、挪用。

（2）村级的各项开支统一由报账员进行结算。村级支出在完善相关审核、审批手续后，按月到乡镇农村"三资"代理服务中心办理付款业务。

（3）乡镇农村集体"三资"委托代理服务中心反馈的收支情况由报账员按季度在村务公开栏内逐项进行公布，接受群众监督。

（4）村报账员要及时将本级集体资源、资产变动情况向乡镇农村"三资"代理服务中心报告，进行变更，实行月报告制，每月将村级资产、资源变动情况填写变动表上报"三资"委托代理服务中心，没有发生变动的实行零报告制。每年要按要求认真填报村集体资源、资产统计表，并报乡镇农村"三资"委托代理服务中心。

（5）报账员在业务上接受乡镇农村集体"三资"委托代理

服务中心的管理和培训，每年年终，乡镇农村集体"三资"代理服务中心要将各村报账员的工作情况向乡镇党委、政府进行汇报，作为评先评优的依据。

三、原始凭证的要求

各种原始凭证必须具备：凭证名称、填制日期、填制凭证单位名称或者填制人姓名、经办人员的签名或者盖章、接受凭证单位名称、经济业务内容、数量单价金额。

记账凭证必须具备：填制日期、凭证编号、经济业务摘要、会计科目、金额、所附原始凭证张数等，并须由填制和审核人员签名盖章。

第三节　村集体经济组织会计核算方式

一、村集体经济组织的记账方法

实行"借贷记账法"，记账规则：有借必有贷，借贷必相等。

二、账簿设置

村级设立"三账三簿"即总账、明细分类账、现金日记账和资产登记簿、债权债务登记簿、资源登记簿。

三、科目设置

根据《村集体经济组织会计制度》规定 33 个总账科目，现根据实际设置 27 个。

资产类：现金、银行存款、短期投资、应收款、内部往来、库存物资、固定资产、累计折旧、固定资产清理、在建工程（10

个）。

负债类：短期借款、应付款、应付工资、应付福利费、长期借款及应付款、一事一议资金（6个）。

所有者权益类：资本、公积公益金、本年收益、收益分配（4个）。

损益类：经营收入、发包及上交收入、补助收入、其他收入、管理费用、其他支出、投资收益（7个）。

明细科目可根据实际会计核算内容设置或三资管理软件上的设置。

四、农村集体资金委托代理流程

预算收入每年年初由村（社区）两委、报账员做出本村（社区）年收入预算，报"三资"委托代理服务中心→收入单位或农户、个人向村（社区）集体拨款或缴纳资金→村报账员开据收款，现金上缴"三资"委托代理服务中心→"三资"委托代理服务中心出纳开据交款收据，中心会计登记现金账及分户账→预算支出村（社区）支出预算报"三资"委托代理服务中心，用款时填写计划申请单→支出村报账员按预算计划从服务中心领取现金→报账员（出纳）交经手人开支现金并取得原始凭证→具体开支由村务监督委员会、村支两委相应负责人签章。

资金代理范围

包括村级集体经济组织全部财务收支项目。

（1）村级集体经济组织收入包括：经营收入、发包及上交收入、补助收入、上级转移支付、投资收益、其他收入（含租赁收入、征占地补偿收入、资产变卖收入、"一事一议"筹资等）等集体资金。

（2）村级集体经济组织支出包括：经营性支出、管理费用和其他支出（含公益事业支出、福利性支出、投资项目支出、公用经费支出等)。村级不得出现招待费。

(3)经营性支出。项目在0.5万元(含0.5万元)以下,由村务监督委员会审核盖章,村主任签字后,报农村集体"三资"委托代理服务中心办理;项目在0.5万~1万元(含1万元),经村务监督委员会审核、村两委班子联席会议研究,形成决议后,报农村集体"三资"委托代理服务中心办理;项目在1万元以上的,经两委班子联席会议研究,形成书面报告,提交村务监督委员会审核通过,并向农村集体"三资"委托代理服务中心提交预算申请,报乡镇纪检部门审核,向乡镇"三资"委托代理工作领导小组备案后,由乡镇农村集体"三资"委托代理服务中心办理付款业务。

(4)管理费用支出。费用在500元(含500元)以下的,由村务监督委员会审核盖章,村主任签字后列支;费用在500元以上且不超过1 000元的,由村两委班子集体研究,村务监督委员会审核盖章后列支;费用在1 000元以上的,由村两委班子集体研究,村务监督委员会审核盖章后,报乡镇纪检部门审核、备案后,方可列支。

(5)村级集体经济组织支出的原始凭证,原则上必须是税务部门的正式发票,不得使用其他收款收据。对数量少、金额小、难以取得原始凭证的零星开支,统一使用农村集体"三资"委托代理服务中心专用票据,但金额必须在100元以下。报账时需填制报销凭证,要有经办人签字并说明事由,有村主任签字,村务监督委员会或村民代表会议审核意见,并签字盖章。重大支出事项必须附会议决议或书面报告。